Un irlandais, St Desle, fonda Lure, près de Besançon.
Seigneur de Besançon, St Donat [illegible]
Pour les femmes, il a fonda [illegible] les
règles de St CÉSAIRE [que st [illegible]]
Celle-ci est auj. une caserne. [illegible]

Le frère de St Donat [illegible] établi Romain Moutier…
[Elle est consacrée par pape Etienne II. Devient Cluny.]

Bèze.

Cusance.

St Ursanne, à Bâle.
St Germain de Grandval.

St Vandrille et reine Bathilde batissent Fontenelle
Ses amis sont: Archevêque Ouen et Philibert de Jumièges
St Phil. fonda encore Noirmoutier en Poitou et Montivilliers de
Caux pour femmes.

Trois frères bénis par Colomban.
1° Adon — Jouarre.
2° Radon — Reuil (Radolium)
3° Dadon, c'est Ouen (Audoenus) évêque de Rouen.
Fondateur de Rebais, dont l'abbé est St Agile de Luxeuil.

Ste Fare, de Meaux, a été béni par St Col. Elle fonda Faremoutiers
L'Irlandais, St Fursy : Lagny-sur-Marne
St Frobert : Moutier-la-Celle, près Troyes.
Berchaire : Hautvillers et Moutier-en-Der.
Ste Salaberge à Laon.

Luxeuil maritime à Leuconaüs, à l'embouchure de Somme.
C'est St Valéry. Ses reliques furent translatées par Richard-Coeur-
de-Lion à St Valéry-en-Caux.

（一）

"建筑是石头的史书"，"建筑是艺术的最高峰"。十九世纪，这两句话在欧洲很流行，已经很难确凿地说是哪位聪明人先提出来的。总之，十九世纪，欧洲人已经认识了建筑在人类文化中的地位了。

建筑在文化中的地位，决定了它的性质。作用和它达到的高度，技术的和艺术的高度，它不是孤立存在的物件，它是Monument，这就是它的性质。

从黄土地上的窑洞，到小女孩温馨的闺房，到巍峨的宫殿，到金字塔、圣母教堂、万神庙，万里长城，建筑性质的多样和变化的跨度之大，包容了整个的人类文化。人类没有第二种作品，有建筑这样的完整，丰富、豪华、精致、有性格、有感情。

建筑是人类历史的文化档案。它记录着人类所创造的和付出的一切，也真实、生动、准确地记录着人类文明的发展和成就

陈　志　华　文　集

【卷五】

风格与时代

〔俄〕金兹堡　著

陈志华　译

商务印书馆
创于1897 The Commercial Press

出版说明

金兹堡（Моисей Яковлевич Гинзбург，1892—1946），俄罗斯建筑师、建筑理论家。曾在法国和意大利求学，后在俄国读土木工程。1923年在莫斯科第一次全俄农业展览会上设计了克里米亚馆。同年，与维斯宁兄弟一起酝酿构成主义（结构主义）的早期理论。金兹堡吸收现代建筑思想，其中包括法国勒·柯布西耶的《新精神》和荷兰的凡·杜埃斯堡的《风格》。1924年，他把在俄罗斯艺术科学院所做的报告整理成了《风格与时代》（Стиль и эпоха）一书。

1982年，申克维奇将《风格与时代》翻译成英文，由麻省理工学院出版社出版。中文版由陈志华教授据英译本译出，1991年由建筑工业出版社出版，2004年列入“花生文库·建筑馆”系列，由陕西师范大学出版社再版。

受译者陈志华教授本人授权，本版以陕西师范大学2004年版为底本，重新排版，作为第五卷，收入《陈志华文集》。

商务印书馆编辑部

2019年9月

М. Я. ГИНЗБУРГ

СТИЛЬ и ЭПОХА

ПРОБЛЕМЫ СОВРЕМЕННОЙ АРХИТЕКТУРЫ

ГОСУДАРСТВЕННОЕ ИЗДАТЕЛЬСТВО
МОСКВА

《风格与时代》原版的扉页

目 录

序

肯尼思·弗兰姆普敦（Kenneth Frampton）

这本于1924年出版的富有创新精神的著作，无疑对苏联建筑的发展起过重要作用，然而，使人大惑不解的是，这本书竟要在将近六十年之后才有英译本。金兹堡在现代主义运动中的地位，不仅仅由于他当过领袖，写过理论，而且由于他是一位同样活跃的建筑师，因此，这个失误尤其使人难以理解。金兹堡是那种少有的才华横溢的建筑师，他坚持创作，又能找出时间来争论，构成完整的理论体系。如果要找一位当今能够跟他相当的人，那只能到意大利、德国或者日本去找，可能，正是金兹堡广泛的多方面的成就——知识渊博，理论透辟，创作又硕果累累——大大有助于说明为什么这个译本出现得如此之晚，因为在盎格鲁-撒克逊人的圈子里，理论和实践的这种结合，从来也没有受到过尊重。

即使在当前介绍他的生平的著作里，也可以观察到这种偏见。这些著作都倾向于肯定他创建了现代建筑师协会，主编了《现代建筑》杂志，而没有足够估计他在住宅研究方面开拓性的工作，那是在他领导之下给苏联建设委员会做的。在1923至1927年间，他参加了大约十四次设计竞赛，在竞赛中提出了许多值得注意的出色设计，其中有两次，跟伊·弗·米利尼斯（I. F. Milinis）合作的，成了构成主义的样板作品，它们是：1930年建于莫斯科纳尔可夫街的纳尔可夫实验住宅楼和1931年完成的阿拉木图政府大厦，后者是苏俄第一批受到勒·柯布西耶的词汇和语法影响的作品之一。至于纳尔可夫住宅楼，尽管有勒·柯布西耶的色彩，却坚持了金兹堡自己的思想，他决心创造符合苏联条件的集体住宅形式，而不去模仿由勒·柯布西耶发展起来的比较进步然而却多多少少资产阶级化的住宅形制。

纳尔可夫住宅楼是四年紧张工作的成果，自从金兹堡设计的比较保守的莫斯科的玛莱亚·勃龙娜亚住宅区在1927年完工之后，他立即领导一个工作组做进一步的研究。1928至1930年间，金兹堡与巴尔欣（M. Barchin）、弗拉季米洛夫（V. Vladimirov）、巴斯特尔那克（A. Pasternac）和萨姆-西克（Sum-Sik）设计并试验了许多方案，企图搞出苏联住宅建设的经济实惠的样板来，这就是所谓的“公社大楼”，20年代，苏联建筑师中的先锋派都从事于探讨它的最恰当的社会-建筑形式。最有代表性的成果是通用的跃层式“斯脱洛伊”单元，它显然早于勒·柯布西耶著名的跃层式单元，后者在1934年开始设计而于1952年在马赛公寓实现。纳尔可夫住宅楼是由F型和K型“斯脱洛伊”单元组成的六层板式大厦，有一条内部街道连接到公共食堂、体育馆、图书馆、托儿所和屋顶花园，虽然它很激进，金兹堡却认为这种公社大楼只有在劝说人们接受而不是强加于人的情况下才是合乎人性的，才能成功。

金兹堡在气质上和意识形态上都倾向于集体观念，正如玛高梅多夫（S. O. Khan-Magomedov）指出的，他在与人合作共事的时候是最好的设计人，他一生中比较有意思的作品都是与人合作的：例如最富有先锋精神的“绿城”方案，主张用城市分散主义的方法疏散莫斯科人口，是他与巴尔欣一起在1930年提出来的；他的比较保守的苏维埃宫设计是1932年与德国建筑师海森弗莱格（Gustav Hassenpflug）合作的。这个设计，以及上一年他的斯维尔特洛夫斯克剧场的竞赛设计，开创了他的新至上主义（Neo-Suprematism）的风格，这一风格受到新建筑师协会的宠儿利奥尼多夫（Ivan Leonidov）作品的影响。

正如申克维奇（Anatole Senkevitch）指出的，金兹堡的《风格与时代》不可避免地要和勒·柯布西耶于1923年完成的《走向新建筑》做比较。当后者在《新精神》杂志上发表的时候，金兹堡可能读到过，因而可能受到影响。然而，凡是这种比较，不同点总比相同点有更大的意义，这不同点在插图的选择上表现得最有戏剧性。这两本书都引用了未来时代的工程形象作插图，这就是说，用了19世纪末、20世纪初的谷仓、工厂、船舶、飞机等作插图，但目的却是不同的。金兹堡采用战舰、铸铁结构火车站和木框架工业冷却塔，勒·柯布西耶却不要战舰而要豪华的远洋客轮。同样，他们两位都把美国的谷仓和都灵的菲亚特汽车厂当作新时代和新风格的象征，但他们对木结构的态度是不同的，勒·柯布西耶把新建筑限于钢铁和钢筋混凝土的房子，而金兹堡却容纳木材的房子，既有无名的，也有他的构成主义的伙伴们的作品，例如，美尔尼可夫（Konstantin Melnikov）设计的全俄农业展览会（1923，莫斯科）的马哈烟展览厅和舒科（V. A. Shchuko）设计的这次展览会上的咖啡馆，它们的形式都很出色。

金兹堡对结构的看法是过于狂诞、过于夸大的，这一点可以从他把诺尔维尔特（E. I. Norvert）画的发电厂收罗进来看出，他大概想阐明一种理想的方式，把混凝土和钢铁等量地混合使用。当然，金兹堡和勒·柯布西耶同样重视飞机，把它当作新精神的载体，虽然他们所选为插图的型号不同。勒·柯布西耶在他写的《视而不见的眼睛》那几章里，引用了远洋客轮、双翼飞机和豪华汽车作为现代性的最高创造者，而金兹堡却以先进的火车头作为功能形式的范例给他的关于现代动力的论著作插图。

就像《走向新建筑》一样，《风格与时代》承认并且热烈欢迎现代技术的普泛的文明化力量，在俄罗斯沙皇时代，这力量已经使地区文化越来越难继续维持下去。金兹堡的坚持“承传法则”以及他对风格的演变所持的达尔文主义的观点，全然是一个变化的模型，比勒·柯布西耶的关于现代建筑文化诞生的道路的二元论观点更加自然主义。我说的是

“工程师的美学和建筑”这一章里勒·柯布西耶的辩证观点，他的主要理论工作是围绕着它而结构起来的。金兹堡抱着一种决定一切的机械主义时代的观念，而勒·柯布西耶在拥护科学的工业世界的同时，仍然认为诗意的“造型”是必需的，它在适当的时机能够把工程形式计算出来的美提高到一个更高的、新柏拉图主义的水平上去。

这种关于形式之形成的理想模式，金兹堡是不相信的，因为他已经不能把建筑师看作在专业上独立于工程师了。金兹堡本人既受过工程师的训练，也受过建筑师的训练，他认为，在20年代，建筑已经被工程吞并了，而建筑理论家的当前任务是建立一个关于形式的新理论来说明这场吞并。金兹堡在1923年的著作《建筑中的韵律》里，实际上已经为承认它做好了准备，在那篇文章里，他以发展着的形式韵律的观念为基础，直接建立了一个建筑理论，这理论在一些方面可以跟拉铎夫斯基（N. A. Ladovsky）在高等艺术技术学院提出来的形式系统比美，也可以跟且尔尼霍夫（Iakov Chernikhov）在1931年与1933年分别出版的《建筑与机器》《建筑狂想》两本书里所强调的方法媲美。

金兹堡异彩纷呈的著作显示出，从1923年的《建筑中的韵律》到1934年的《住宅建设》，他的发展经历了整整一轮历史，从背叛在意大利所受的古典风格主义教育的年轻的实践家和理论家到一位争辩着从事于最经济的居住单元设计、探讨苏联式“最低标准生活”方式的人。在《住宅建设》的第二章里，金兹堡作为技术专制论者和超级功能主义者达到了顶峰；在这一章里，他用最深奥难懂的公式和计算把他的论点武装起来，他探讨了在一定价格下适合于某些住户的最佳的方案。虽然斯特洛伊单元的一层半高度是莫名其妙地浪费的，这个方案很像革斯特夫（A. K. Gastev）制定的莫斯科中央劳动学院的泰洛制理想。《风格与时代》则企图提示在任何风格的出生、成熟、衰朽和死亡这个历史中不断重复的过程，因而给著作者以机会在著作的结尾去争辩，说苏联正站在新风格诞生的门槛上，在这个时候，只有这个新风格才可能在世界性水平上系统地形成。金兹堡本人最初参与这个风格的形成时，是非常犹豫而且折衷的，1923年他参加劳动宫设计竞赛的方案模仿拜占庭和新古典主义形式，很沉重。到了1926年参加冶金部大厦设计竞赛时，他已经成了彻底的功能主义者。最后，1933年他设计的在克里米亚的基斯洛沃茨克疗养院，说明他接受了高度理性化了的社会主义现实主义建筑，作为一个从事实际工作的建筑师，他以后的作品都是这个样子，直到1946年去世。

因此，虽则《风格与时代》不过是一个寿命只有六年的风格的意识形态，它仍然是一个能够有力地影响人的、有意义的证据，证明现代建筑的前途，它的自由驰骋的潜力在今天与它刚刚诞生时一样强大。

М. Гинзбург
ЭПОХА
И
ПРОБЛЕМЫ
СТИЛЬ
АРХИТЕКТУРЫ
ГОСИЗДАТ
1924 г.

导言（摘译）

（小）阿纳托尔·申克维奇（《风格与时代》英译者）

M. Я. 金兹堡于1924年出版的《风格与时代》是苏联建筑中早期结构主义的最早的和最重要的理论书。它所提出的萌芽状态的观念后来发展为结构主义建筑的成熟理论，在写作这本书的时候它们还刚刚形成。没有别的书把结构主义的理论写得这么好，这么深，这么丰富，也没有别的书像它的目标和理想那样贴近现代主义运动的目标和理想的核心。

确实，《风格与时代》是关于一个被科学决定了的、被历史注定了的建筑的观念，使它成了现代主义运动的理论试金石之一。它对建筑风格的变化的深刻分析被艺术评论家拥戴为学术性的艺术评论的典范。同时，它为年轻的社会主义国家透辟而全面地阐释了“新建筑”的各个方面，鼓舞了许多苏联建筑师明确了他们在这问题上的立场。

虽然金兹堡的论文表达了他对结构主义的基本冲击的默许，但是他回避承认与苏联艺术中的结构主义运动的直接关系，这一运动是在1921年产生的。早期的结构主义文献里，除了阿历克赛·甘（Aleksei Gan）在1922年写的论文《结构主义》中初步接触到建筑之外，都没有提到建筑。在《风格与时代》里，金兹堡独立地将“结构主义”建筑形成为一个实证主义的纲领，使1921年之后实用的、工业化的或“生产的”、艺术的结构主义理论适合于他自己关于建筑中创造过程的思想。金兹堡的思想，与在他之前不久的西方理论和苏联评论一起，对结构主义建筑运动的发展是有催生作用的。1925年，金兹堡成了现代建筑师协会（OCA）的创立者之一和首席理论家。

金兹堡的这本书把关于机械化世界的空想，关于建筑社会和技术意义的唯物主义考虑，以及对当代建筑和艺术理论的深刻理解出色地综合了起来。

俄国革命之后的头几年，产生了一场热烈的先锋运动，在艺术的一切领域里都爆发了紧张的理论和创作活动。无数的艺术家和评论家用狂热的词句歌颂新的革命性的发展，并企图为一个真正的"新"艺术的创造而把他们的美学理想系统化为无可辩驳的纲领，这种新艺术有充分的能力把革命时代的社会经济理想以恰当的艺术形式表现出来。《风格与时代》集中概括了革命后头几年里苏联先锋文化中大量涌现的纲领性著作。这本书比与金兹堡同时的苏联人的所有著作都更全面透彻地形成了一个深刻掌握了现代主义的承诺，许多人感受到了这些，但没有人表达得这样雄辩。

它表现出一种决定性的努力去阐明建筑在新的社会主义社会中的关键性地位，使建筑在社会方面和技术方面都合理化从而组织新的生活方式并赋予它以形式。

金兹堡喜爱做历史的分析，并且决心给设计原则建立一个全面的理论基础，这是由于他的学识和智慧，加上充分的自信。他的深刻的专业眼光得到广阔的文化修养和阅读功力的支持，这种博学深思是文化精英的特点。在俄罗斯，这个知识分子阶层根本上是西化的，不断地吸收消化西方文化价值和理性主义的思想。接受了现实的和自由的观念，他们吸取法国的尤其是德国的实证主义思想，对自然和社会过程的一种一元论观点，与物质世界相联系的功利的审美观。虽然这个唯物主义在20世纪之初被各种于19世纪90年代传到俄罗斯的新康德主义流派的哲学唯心主义取代，仍然是金兹堡的建筑哲学的基本决定因素。这个哲学回答着金兹堡早年求学和就业时所经历过的广泛的影响和刺激。

译者序

陈志华

金兹堡出生于白俄罗斯首府明斯克，父亲是一位建筑师，引导他从少年时代就喜好阅读艺术史著作，并且爱绘画，最终选择了建筑这门职业。在明斯克的中学毕业之后，金兹堡到法国，进了巴黎美术学院学建筑，不久转入了图卢兹的美术学院，最后到意大利的米兰美术学院，于1914年获得文凭。回到俄国，正好里加工学院因战争的关系迁到俄国，他又去读土木工程，于1917年毕业。

年轻时代的学历和见识对金兹堡的思想和事业起了决定的作用。他精通古典的建筑学。1937年他在一篇叫作《苏联建筑的道路》的文章里回忆道：米兰的美术学院，“简直逼人做历史风格的考古式的复制品，不容许有一丝一毫的走样”。不过，在当时欧洲风起云涌般的新思潮的影响下，金兹堡并不那么老实，有一次在课程作业中他做了个“新艺术运动”式的设计，教授大为不满。他也敬仰刚刚到欧洲开过作品展览会的莱特（Frank Lloyd Wright）。在那篇文章里，他还提到：“米兰大公府门前的现代汽车，当时给了我难以置信的强烈印象”。很可能，他那时对未来主义是有所了解的。米兰美术学院培养了他对艺术、艺术史、艺术理论和创作的兴趣，而里加工学院的工程师训练，却又使他能对新技术、对建筑艺术的改造作用十分敏感。他一贯主张，建筑师应该有“结构感情”。这种情况对他日后的理论工作是有极大的影响的。

克里米亚，尤巴道利亚的可汗清真寺

1917年，从工学院毕业后，他到了克里米亚工作，在那里过了四年。这儿远远离开了苏俄的文化政治中心，当时却是一个内战中心。金兹堡在1935年3月份的《苏联建筑》上回忆，那时期，他“在内心里对从意大利学来的严格的古典学派的传统和教条做斗争”。在这时期的少数建筑设计里，有莱特的草原住宅和维也纳分离派的痕迹。他主持一所新建立的保护古建筑的机构，写作过几篇关于克里米亚乡土建筑的文章。1923年在莫斯科第一次全俄农业展览会上的克里米亚馆，就是金兹堡设计的，采用了克里米亚的乡土风格。1921年，金兹堡回到莫斯科，以后就长期在这里居住、工作。起初他在莫斯科高等技术学院（MBTY）和高等艺术技术学院（BXYTEMAC）教建筑史和建筑理论。很快有了名声，1924年入选国家艺术科学院。同年，他带领科学院的考察队赴中亚，调研乌兹别克的民居，帮助当地建立文物及民俗博物馆。1925年又带队赴土耳其，研究拜占庭和伊斯兰建筑。

因此，除了正规的严格的古典建筑训练外，金兹堡还在地方乡土建筑方面做了研究工作，他在两方面都有丰富的知识。这样的一位建筑史教师，断然转向现代的工业化建筑，与传统决裂，那既不会是无知的行动，也不会是简单化的武断。这就是金兹堡理论著作的深度的来由。

金兹堡参加了1922至1923年间举行的莫斯科劳动宫设计竞赛。他

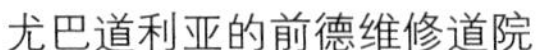
尤巴道利亚的前德维修道院

克里米亚，狄奥多西区的前清真寺

的方案是笨重而带有纪念性的。而维斯宁兄弟（Братья Веснины）的方案却是一个构成主义（结构主义）的作品，给了金兹堡很大的影响，从此，他卷入了正在汹涌澎湃的理论热潮，卷入了高等艺术技术学院内外的激烈争辩。1923年，金兹堡与维斯宁兄弟建立了友谊，一起酝酿着构成主义（结构主义）的早期理论。

俄国革命之后的头几年，产生了一场热烈的先锋运动，在文学和艺术的一切领域都爆发了紧张的理论和创作活动。无数的艺术家和评论家用狂热的词句歌颂革命、歌颂新世界，并且要为这个新世界创造一个彻头彻尾崭新的文化。他们要创立一个美学纲领，确信这个纲领有充分的能力把革命时代的社会、政治和经济理想以恰当的艺术形式表现出来。构成主义（结构主义）是这种纲领之一。

这时期，金兹堡大量吸收现代建筑思想，阅读国内外的杂志，其中包括法国勒·柯布西耶的《新精神》和荷兰的凡·杜埃斯堡（Theo van Doesburg）的《风格》，以及李西茨基（Л. М. Лисицкий）和爱伦堡（И. Эренбург）在国外办的介绍苏俄先锋理论的杂志。

同时，金兹堡开始了写作。1922年，他发表了一篇讨论建筑构图的文章，叫《建筑的韵律》。他写道：“建筑历史要求理解而不要求模仿，从过去的伟大建筑物中所能得到的教益远不如从它们抽象出来的原

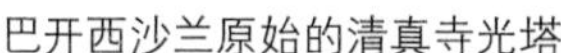

巴开西沙兰原始的清真寺光塔

尤巴道利亚的一座克里米亚传统式样的房屋

理中得到的那么多”，“现代建筑的问题是找出表现我们今天的脉搏律动的形式因素和构图方法”。

1923年，金兹堡被任命为莫斯科建筑师协会的《建筑》杂志主编。他写过两期社论和两篇文章，杂志就停刊了。

1924年，他把在俄罗斯艺术科学院里所做的报告整理成了《风格与时代》一书。这本书集中概括了革命后头几年里苏俄先锋文化中大量涌现的纲领，比当时所有的著作都更全面透彻地形成了系统化的理论。它从建筑在新的社会主义社会中的地位出发，阐明建筑在社会方面和技术方面都合理化的必要性和途径。现代建筑要组织新的生活，给新生活以形式。这本书很雄辩，表现出作者的博学和自信。

从整个现代建筑运动的历史来看，《风格与时代》出版比较早，立论尖新，说理透辟，体系完整，科学性相当强，它应该是可以与勒·柯布西耶的《走向新建筑》并列的经典性著作之一。

以《风格与时代》作为思想纲领，1925年，在莫斯科成立了现代建筑师协会，亚历山大·维斯宁任主席，维克多·维斯宁和金兹堡任副主席，金兹堡任它的刊物《现代建筑》（*CA*）的主编。现代建筑师协会是构成主义（结构主义）的核心组织，它的成员从1923年艺术文化研究所（ИНХУК）解散后就围绕在“左翼艺术战线”（ЛЕФ）周围。

除了理论工作之外，金兹堡主要从事新型的住宅研究和设计。他探讨“公社大楼”即把家务劳动社会化了的集体住宅，有公共食堂、托儿所等。这项探讨性的设计也是先锋派的。这里面有空想，也有前瞻性的思考。在莫斯科和外省造过几幢公社大楼，但因为整个社会发展水平还低，没有在物质上和精神上为公社大楼的生活做好准备，所以公社大楼的试验失败了。不过它的思想曾被勒·柯布西耶吸收，表现在法国的马赛公寓里。

至于理论著作，大多是重申《风格与时代》里的基本观点。不过，有些观点说得更清晰、明确。他与维斯宁兄弟一起提出来一个“功能主义创作方法”。这个方法最简洁肯定的定义，大约是他在去世前不久，1945年第10期的《苏联建筑》上的一篇文章《构造问题与现代建筑》中说的：“建筑的基本任务，……可以说就是用最经济的手段组织必要的空间”。

然而，在这之前，在他们长久不谈建筑、沉默了几年之后，金兹堡与亚历山大·维斯宁和维克多·维斯宁合写过一篇《论现代建筑的一些问题》，发表在1934年第2期《苏联建筑》上。在这篇文章里，他们写道：“我们的任务不是在狭窄的道路上机械地进行创作，而是要在创作过程结束时使一切都各得其所，既没有未完成的社会任务，也没有未完成的技术任务和艺术任务。这种工作方法——把目的、手段和建筑形象统一起来，把内容和形式统一起来，不使它们互相矛盾的方法，我们就称之为功能的创作方法”。这个说法相当圆滑，几乎无懈可击，却也几乎等于没说。几位当年锋芒毕露，为新时代的新建筑披荆斩棘、开辟道路的人，竟变得这样深于世故，这大约是因为迫使他们沉默了几年不谈建筑的接二连三的“批判”。

1930年5月16日，联共（布）中央通过了《关于改造日常生活的工作》的决议，尖锐批判了“公社大楼”的探索者们。决议指出生活社会化建议是“用左倾词句来掩饰自己的机会主义本质的企图”，政治压力很大。1932年4月23日，联共（布）中央通过了《关于改造文学与艺术组织》的决议，也把建筑中的所有的流派组织取消了，把一切学术思想斗争，包括反复古主义，都当作小圈子的宗派主义之争。同时，成立了统一的苏联建筑师协会，发表了“统一的”创作方法，充满了折衷色彩的所谓“社会主义现实主义”方法。学术定于一尊，从此，据金兹堡和维斯宁在《论现代建筑的一些问题》里说：“许许多多的批评家和所谓过去的功能主义者在连篇累牍的自我批评里，检讨‘过去的’思想，把一大堆罪孽和过失扣到我们头上……”。这批判的最高峰，则是1952年出版的查宾柯（М. П. Цапенко）的《论苏联建筑艺术的现实主义基础》，此书对金兹堡进行鞭尸式的批判。这时候金兹堡去世已经六年了，去世之前，默默地在工业建筑方面工作着，人们不大清楚他的情况。

《风格与时代》这本现代建筑史中重要的经典著作长期湮没，竟要在出版之后将近六十年，才由MIT出版社于1982年出了英译本，英译者是美国康乃尔大学建筑史副教授，俄裔学者申克维奇。

前言

说什么建筑风格和现代性？才造了区区几十幢房子，就要说说把一切都冲刷干净的现代性？

人们说的风格又能是什么呢？

这当然是那些摆脱了折磨着新方向的追求者和新道路的探索者的怀疑和迷惑的人们的态度；是那些手里举着令箭、口里念着判决，耐心等待最终结果的人们的态度。不过他们的时光还没有到；他们的日子还在后头。

这本书不写那些已经实现了的东西，它只写正在实现着的思索，那种关于从已经死了的过去向正在萌生的现代的过渡的思索，关于由新生活决定的正在呈现着的新风格的分娩阵痛的思索。这风格的面貌还不清楚，但它是被期待着的，在那些满怀信心瞻望未来的人中间它正在成长，日益壮大。

一场运动同时在许多方面开始。
老东西打了强心针，把一切都带着走，直到什么也挡不住潮流：
新风格已经是既成事实。为什么所有这些必会发生？

沃尔夫林：《文艺复兴与巴洛克》

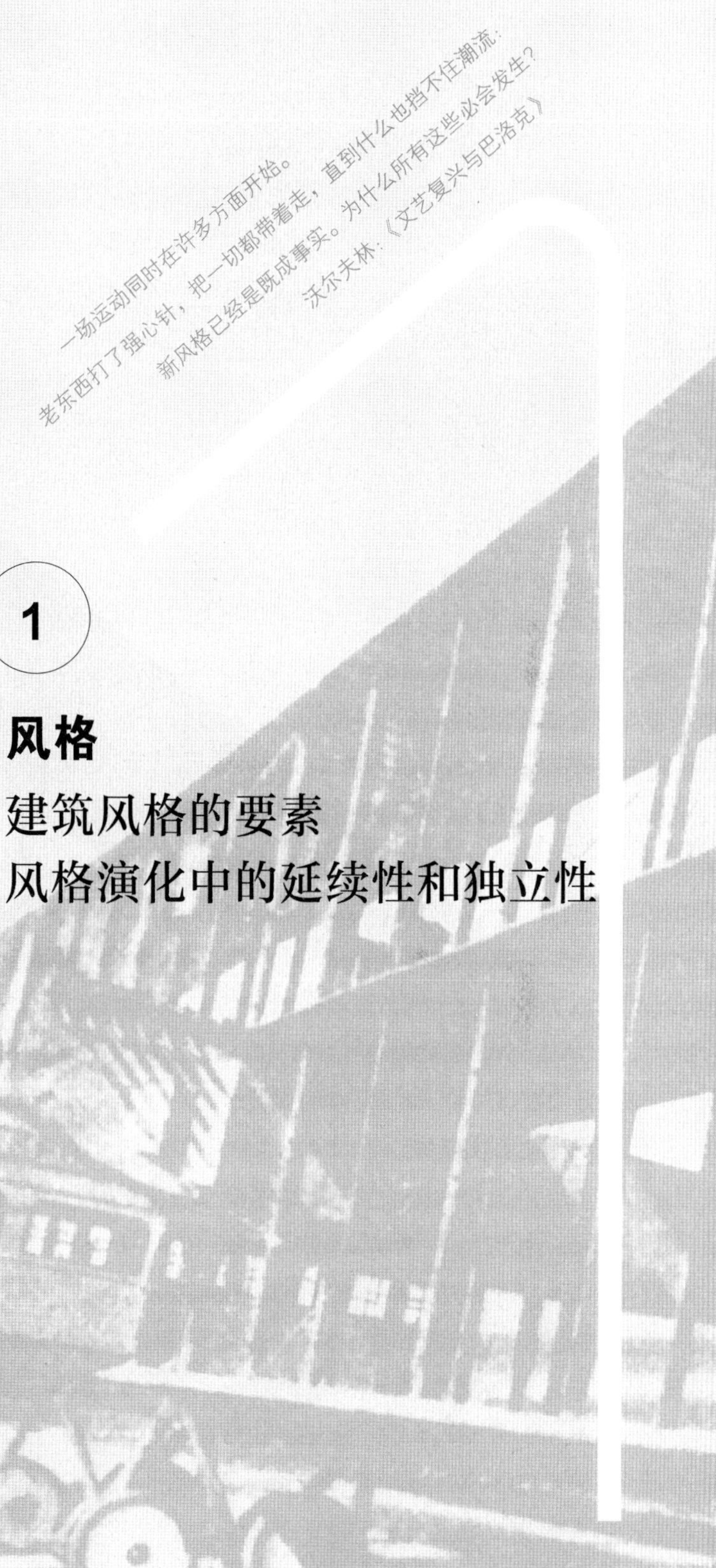

1

风格

建筑风格的要素

风格演化中的延续性和独立性

开普龙三翼飞机

将近两个世纪，欧洲的建筑创作靠寄生在历史身上过日子。这时期，别的艺术多多少少都能向前进，把它们的革命的创新者一个一个变成了“老古董”，而建筑却以无比的顽固坚持把眼睛盯住古代，或者盯住意大利文艺复兴。艺术学院好像只关心消除年轻人对新事物的热情，消除他们对创造性工作的爱好，而不教给他们在过去的作品中看到合理的发展，这发展是从时代的生机勃勃的结构中自然而然地奔泻出来的，因而仅仅从那个结构获得真正的意义。这样的“学院式”训练产生了两个结果：学生不接触现代性，同时，不了解过去的伟大作品的真正精神。这种情况也说明，为什么力求在他们的艺术中表现对形式的纯粹现代理解的艺术家经常故意忽视过去时代一切的艺术成就。

不过，动脑筋观察一下过去的艺术和产生它们的那个富有创造性的环境，就会得出别样的结论。正是过去几百年间创造性努力凝聚起来的经验才很清楚地给现代化艺术家指明他的道路——勇敢地探索，大胆地求新，热爱创造——这是荆棘丛生的道路，要走向胜利，就要干得真诚，想得活泼，还要趁富有生机的、真正的现代化浪头。

人类历史中最美好的艺术是如此，当然，今天也必定如此。

军舰

如果我们想到创造帕特农神庙的那个和谐的时代环境，想到羊毛和丝绸行会在意大利文艺复兴时代为更好地体现一个审美理想而互相竞赛，再来想想，叫卖蔬菜和杂货的妇女对正在兴建的主教堂的新的装饰细部的作用，那么，我们就会明白，归根到底，主教堂的建筑师与叫卖蔬菜的老妪呼吸着同样的空气，他们是同时代人。

真的，每个人都知道一些历史先例：新形式的真正先知者不能被他们的同时代人理解。这情况说明，这些艺术家们凭直觉预见到了并且超越了一个时代，而这时代在一段相当长的时间之后才会赶上他们。

如果一个真正现代的旋律跟劳动的旋律和当今的喜悦一起和谐地在一个现代形式中回响，那么，它最终总要被那些以他们的生命和辛劳创造了那个旋律的人们听到。可以说，艺术家的劳作和其他人的劳作在那时将走向同一个目标，所有的线最后都交于一点的时刻必将到来，那时候我们将发现我们的**伟大风格**，在那风格里，创造和思考将交融在一起——那时候，建筑师所画的设计跟裁缝师傅所做的衣服将是同样的风格；那时候，唱诗班的圣歌的旋律很容易跟杂七杂八的小调的旋律一致；那时候，庄严的历史剧跟街头的滑稽戏汇合，不论形式有多少种，因为它们用同样的一种语言。这是任何一种真实的、健康的风格的确切特征，经过认真的分析，所有这些现象的原因和相互关系都从时代的基本因素里产生。

这样，我们很严肃认真地获得了**风格**的概念。风格这概念常常用于不同的情境，我们试图讲解它。

确实，初看一下，这个词充满了模糊性。我们把**风格**用于品评一出新戏和一位太太的帽子式样。我们经常把区分艺术的最精微细致的差别的那些特征称作**风格**。(例如，我们说“40年代风格”或者“珊密启尔风格”)，有时候我们又把整整一个大时代或者几个世纪的特点称作风格（例如，“埃及风格”或者“文艺复兴风格”）。

在所有这些例子中，我们都考虑到那些现象中存在一种可以识别的天然的一致性。

如果我们把艺术的演进跟人类其他活动的演进，例如科学的演进相比较，那么，艺术风格的某些特征就可以识别。科学的起源以一系列连续的命题为先决条件，在这个系列中，每一个新命题都从一个旧命题中导引而出并超越了旧的。所以，这里有确凿而直接的证据可以证明进步，证明思维的客观价值不断增长。化学就是这样出自炼金术，超越了它，并且把它淘汰；新的研究方法就这样比旧的更精确、更科学；一个掌握了现代物理科学的人已经超过了牛顿或伽利略。换句话说，我们现在讨论的是一个单一的、完整的、永远演进着的东西。

而艺术创作的情况是有所不同的。艺术创作首要的是满足它自己和产生它的那个环境，创作只要达到了它的目标，它就不可超越。所以，非常难以把**进步**这个词用于艺术；这个词只能用于艺术的技术潜力。艺术中有些标新立异的东西——形式和它们的组合——有时候它们难以预测；正因为一个艺术作品代表着某些有价值的东西，所以它特有的价值是不可能被超越的。难道能说文艺复兴的艺术家超过了希腊艺术家吗？能说卡纳克的神庙不如帕特农神庙吗？当然不能。只能说，正如卡纳克的神庙是孕育它的那个特殊环境的产物，只能在这个环境中，在它的物质和精神文明的背景上，才能理解它，同样，帕特农神庙的完美是类似的因素的产物，但产生帕特农神庙的完美的那些因素跟卡纳克的神庙的种种优点毫无关系。

大家知道，埃及的平面壁画的特点是把故事展开在一条一条水平带上，这并不是埃及艺术不完美的标志，它们不过反映了埃及人对形式的认识的特点，对于那些认识的特点来说，这样的方法不仅是最好的，而且是唯一能够达到完全的满足的。如果把一幅现代画给埃及人看，毫无疑问，它会遭到极其严厉的批评。埃及人会认为这幅画既没有表现力，又不好看；他会不得不说，这幅画不好。而我们则相反，学到了意大利文艺复兴艺术家的完全不同的透视观念之后，在评价埃及透视的美学优点的时候，不仅仅要把所有的埃及艺术当作一个整体来理解，而且必须要有某种化身术，力求像埃及人那样去观察他周围的世界。那么，对于研究艺术的人来说，埃及壁画跟文艺复兴壁画的相互关系是什么呢？当然，**进步**这个词公认的含义在这里是用不上的，因为我们既不能客观地论证说埃及的壁画不如文艺复兴的，也不能说文艺复兴的透视学淘汰了埃及壁画的方式并使它失去感染力。恰恰相反，我们知道，除了文艺复兴所发展的透视术之外，还有别的透视术，例如日本的透视术一直走着自己的路；我们知道，即使现在，我们还能从埃及的壁画中获得赏心悦目的享受；我们还知道，现代艺术家有时候在作品中故意歪曲意大利式的透视。同时，一位利用着电力成就的人，无论如何都不会倒退到蒸汽机去，蒸汽机毫无疑问地已经被超过，因而已经不能使我们羡慕，引起模仿它的愿望。十分清楚，我们现在讨论着两类不同的现象。

人类两种不同的活动——艺术的和科学的——之间的差别并不妨碍我们肯定意大利文艺复兴艺术对创造性工作的有普遍意义的方法做出了一份贡献，以当时前所未见的新透视法丰富了这种方法。

从而，我们终于讨论到了**艺术的某种成长、扩展和丰富**，这是很真实的，能客观地识别出来，但是在这个过程中它并不抛弃先头存在着的创作方法。因此，在一定意义上，可以说艺术也有在它的技术方面之外的演进和进步。

只有这个演进和进步才能最终导致新价值和新创造力的诞生，从而丰富全人类。

不过，艺术的这种丰富，艺术中新事物的出现，是不能靠运气的，是不能靠偶然地发现几个新形式和新创作方法的。

我们已经说过，埃及的壁画，跟15世纪意大利的绘画一样，只有在和它同时的所有的艺术全部被理解了之后，才能被理解，才能被客观地评价。常有的情况是，连这样都不够。为了充分理解一幅画，必须熟悉与它同时的所有的人类活动，熟悉那个时代的社会经济结构，那时候的气候特点和民族特点。一个人成为这样而不是那样，并不决定于有关他的出生的种种偶然因素，而决定于他所经受的极其复杂的影响。包围着他的社会环境，自然的和经济的条件。只有这一切因素的总和才能造成一个人特有的精神气质，才能赋予他世界观和整套的艺术思想，引导他的天分向某个方向发展。

不论创作者的集体的或个人的天分有多么伟大，不论创作过程有多么独特和生动，**在实际的、真实的因素跟一个人的整套艺术思想之间存在着互为因果的依赖关系，这种关系也存在于一个人的整套艺术思想和造型的作品之间**；正是由于存在着相互依赖关系，所以才有我们已经谈到过的艺术的演进的那个特点和变化的必要性，这个变化促成了对艺术品的客观的历史评价。不过，不能过于肤浅地去理解这个相互依赖关系。同样的基本原因有时候会导致不同的结果：厄运有时会耗尽我们的精力，有时又会使精力旺盛几倍，这决定于个人特有的性格。同样，我们可以观察到某种情况下有某种结果而在另一些情况下有完全相反的结果，这决定于个人或者民族的天赋有什么样的特点。但在这两种情况中，都不可能不考虑那个互为因果的依赖关系，只有在那个关系的背景上才能评价一件艺术品，不是以个人口味的"喜欢""不喜欢"为基础，而是作为一个客观的历史现象。只有在属于同一时代或同一种风格的艺术品之间才能做形式方面的比较，才能给艺术品确定形式特征。艺术品中比较好的，也就是最能表现产生它们的艺术思想体系的，通常是那些获得了比较好的形式语言的。不可能比较埃及壁画跟意大利绘画的质量优劣。比较只会产生一个结果：它会说明两种不同的艺术创作方法，每种从一个不同的环境中获得它的源泉。

这就是为什么一个现代艺术家不可能创作一幅埃及壁画；这就是为什么折衷主义不论它的代表作有多么辉煌，都不能使艺术丰富，在艺术的进化过程中，它只做减法不做加法，只不过是把通常格格不入的东西凑合在一起，而不是有所拓展。

看一看任何一个时代人类活动的各种各样的产品，尤其是艺术品，就能看到，不论个人的原因给它们带来多少变化，它们都有一些共同点，正是这些起源于社会原因的共同表征，产生了风格的概念。同样的社会和文化条件，同样的生产方法和手段，同样的外表和心理，都在千变万化的形式构成上留下共同的印记。因此，毫不奇怪，一位考古学家，发现了一千年前的一只罐子、一具雕像或者一片布头，就能根据这种共同特征断定它们的年代。沃尔夫林（H. Wölfflin）在他对文艺复兴和巴洛克的考察中，揭示了可以描绘风格特征的各种人类活动。他说，站立和走路的姿态，披衣服的方式，穿窄鞋或宽鞋的习惯，以及其他各种琐事，所有这些都可以构成一种风格的表征，因此，风格这个词的意思是指给人类活动的一切表现以独有的特点的某些种类的自然现象，它们或大或小，不在乎当时的人们是否有意追求过它们或者意识到它们。然而，规律消除了人类创作产品中的一切偶然机遇，给创作活动的每个方向以它们自己的特定表情。因此，一曲音乐作品以一种方式组成，而一篇文学作品采取另一种方式。这些很不相同的规律产生于每种艺术形式的不同的构成方法和语言，但在这些规律中可以辨认出某些共同的、统一的前提，这些前提就是把整体结晶起来并把它固结在一起的东西，也就是广义的风格的统一性。

所以，对一个艺术现象的风格所做的判断在如下的条件下才是可靠的：它不仅包含着对这个现象的那些有机组成的规律的阐释，而且在这些规律和特定的历史时代之间建立确定的联系，也通过跟同时代其他形式的人类活动和创作做比较而把这些规律核实。核实任何一种历史风格的关系当然并不太难。在雅典卫城上的纪念性建筑物、斐底亚斯或波利克立托斯的雕刻、埃斯库罗斯和欧里庇德斯的悲剧、希腊的经济与文化、它的政治和社会制度、它的服装和用品、天空和土地等等之间的不可分割的联系，在我们看来，是牢不可破的，就像任何其他风格的类似现象之间的关系一样。

分析艺术现象的这种方法，由于它的相对的客观性，向研究者提供了处理更加矛盾复杂问题的有力工具。

因此，从这样的观点出发去观察前几十年我们艺术生活的发展，就可以毫不困难地看清，那些“摩登的”和“颓废的”流派，以及我们的“新古典主义”和“新文艺复兴”，无论如何都经不起现代性的考验。这些表面的美丽的硬壳是从少数有高度文化教养的建筑师们的头脑中发源的。作为他们卓越的才能的成果，它们常常生产出本身质量很完美的形象来，但它们就像所有其他可能出现的折衷的现象一样，是一种无效的发明，只迎合很少数知识分子的口味，反映的不过是一个正在被废弃的世界的堕落和衰败无能。

用这种方法，我们确认一种风格的充分而必要的内涵，确认支配着它的独一无二的规律，并且把它的形式表现跟其他诸种风格区别开来。我们抛弃了对艺术品做纯粹个人主义的评价，而把美的事物看作是完满地实现了特定时代和特定地点的要求和思想的东西，因此，关于美的事物的理想是永远变化着的，都是暂时的。

有几个问题会自然而然地发生：在不同时代的个别艺术现象之间的关系是什么？斯宾格勒和达尼列夫斯基，虽然彼此间隔着一道文化鸿沟，互不通气，他们的理论就不对吗？

虽然我们确认任何一种风格的规律都是独一无二的，我们远远没有打算放弃在各种风格的变化和发展中的相互依赖和影响的原理。相反，事实上风格之间的精确的界限是模糊的。不可能去确定一个时刻，此时一种风格结束了，另一种风格开始了；风格一经诞生，就要经历青年、成年和老年；但老年并不是完全没有了精力，当另一种新风格起来走同样的路程时，它衰退了，但还没有死亡。所以，实际上，不但前后相继的风格之间有联系，甚至很难在它们之间划一条明确的界限，这就像一切生命形式的演化一样，没有例外。当我们谈到风格的必要而充分的意义时，我们脑子里当然有一个关于它的综合的概念，知道它的真实本质的精髓，这精髓主要反映在它的极盛时期，在这时期的最好作品中。例如，谈到希腊风格，我们就想到公元前5世纪，即斐底亚斯、伊克蒂诺斯、卡利克拉特斯的世纪的艺术，而不是那褪了色的希腊化时代的艺术，它已经含有许多后来发展为罗马风格的特征。无论如何，前后相继的两个风格的轮子是会配对的，探讨这种配对的情况是很有趣的。

此刻，我们必须限制我们自己只在建筑领域里讨论这个问题，我们对建筑有最大的兴趣。

为此，必须一开始就阐明建筑风格正式定义中的那些概念。我们已经十分熟悉区分绘画风格的那些概念：我们说到素描、色彩、构图，所有这些方面都是研究者的分析对象。我们很容易相信这样的事实，即素描和色彩是基本因素，它们在布或纸的表面上的组织构成了绘画艺术。同样，在建筑中也必须注意到许多概念，不阐明这些概念就不可能对建筑物做认真的分析。

人类为挡雨遮风建造住所。直到现在，这个需要仍然决定着建筑的本质，而建筑在维持生命所必需的实用品和"非功利的"艺术品之间徘徊。这首先反映在有必要**用实实在在的成形的物质去隔离、去包围特定的一部分空间**。把特定的一部分空间隔离和包围在特设的界面中，是建筑师面临的第一个问题。组织隔离了的空间，组织把本无定形的空间包围于其中的几何形式，是把建筑跟其他艺术区别开来的特征。为其他任何一种艺术所无，而为建筑所独有的最基本的特征是，它造成具有个性的**空间感受**，这就是从建筑物内部设计所获得的感觉，从置身于建筑物内部所获得的感觉，从空间界面以及从这个空间的阐释系统所获得的感觉。

但是，隔离空间，组织空间，要使用实物体素才能办到，要用木、石、砖。建筑师为隔离几何形空间，必须把它包在物体的外衣中。因此，不可避免地，我们不仅要在内部看这个几何形空间，而且要从外部看它的体形，就像我们看雕刻品一样。这同样也是建筑跟其他艺术的重大区别。用来解决建筑师的空间问题的物质实体也不是任意构图的。为了纯熟地达到目的，不论是用直觉的办法还是严格的科学办法，建筑师都应该懂得力学规律。这就意味着，基本的结构意识对建筑师是一种基本功，**会形成他工作中的确定的手段**。解决空间问题必须有这个起构型作用的手段，它使解决问题所需的能量降到最低。

所以，本质地区别建筑师和雕刻家的，**不仅仅是组织空间，而且是构造隔离空间的外壳**。由此而产生建筑师的基本构型方法，对他来说，形式世界并不是表示一系列没有限制的、没有止境的可能性，它不过是一种巧妙的探索，试图在人们期望的和可以实现的东西之间建立平衡；理所当然，分析到最后，可以实现的东西要影响人们期望的东西的性质。相应地，建筑师从来不建造那个构型方法做不到的“空中楼阁”。甚至于建筑幻想，好像不顾结构的可能性，其实也是符合力学原则的，这对于理解建筑艺术毫无疑问是基本的、本质的。这也说明为什么跟绘画相比，建筑形式的变化是很有限的。观察建筑形式的基本方法是，把它们看作功能的形式，有些支承有些被支承，有些挺立有些躺倒，有些紧张有些松弛，有些垂直延伸有些水平延伸，以及其他起这类基本功能作用的形式。**这个构型方法也决定了作为建筑的基本特点的旋律。最后，它在一定程度上已经决定了每个个别形式因素的特点，这个特点总是跟雕刻和绘画的因素的特点不同**。

这样，建筑风格系统是由一系列的形象组成的，空间的和体块的形象，它们分别代表着对同一个问题从内部和从外部的解决，它们都被构型因素物质化了；这些因素根据有不同构图特色的套数组织起来，产生了旋律的动态问题。

只有在所有这些复杂的方面理解建筑风格，才能不仅解释一种特定的风格，并且能解释一个个别的风格现象跟另一个的关系。因此，分析从希腊风格到罗马风格，从罗曼乃斯克到哥特等的变化，我们常常要去辨认互相矛盾的方面。例如，罗马风格，一方面它被研究者看作是希腊时代遗产的纯粹形式上的演化结果；而在另一方面，又不能不注意到罗马建筑物中的构图方法和空间组织又是希腊人所建立的那些方法和组织的真正对立面。

以完全相同的方式，意大利早期文艺复兴艺术（15世纪）里还充满着垂死的哥特风格的个别方面，而文艺复兴的构图方法跟哥特式的相比却又是那么新颖，那么出乎意料，它们的空间感受是完全不同的，所以，它们导致当时的建筑师费拉瑞特（Filarete）评论哥特式道："那个发明了这些废物的人应该挨骂遭殃。我看只有野蛮人才会把它带到意大利来。"

站在这个高度观察，那么，仅仅**历史地**评价一个艺术品或一种风格（即尊重产生它的那个环境）还不够，还要增加另一个客观评价的方法，即**进化的方法**，这个方法评价现象时要考虑到它跟一种风格的进一步成长的关系，考虑到一个总过程的演进。根据这样一个事实，即一种艺术风格，跟其他生命现象一样，不会立时三刻新生或者在一切方面新生，而是多多少少部分地联系着过去。所以，**有可能从进化的意义上判断风格的价值大小，根据就是它们所含的有利于新生的质素的多少，这是创造新事物的潜力**。显然，这种评价并不总是跟一个艺术品的形式因素的质量一致。常常有这样的情况，形式上不完美的或者不完整的作品，由于它有创造新事物的潜力，可能有更大的有利于进化的价值，而一个完美无缺的重要作品却使用了从过去年代捡来的早已废退了的手法，因而不可能有进一步的创造性发展，从进化的观点来看，它的价值就很小。

我们得到了什么结论呢？是传统的延续还是崭新而完全独立的原则推动了一种风格向另一种风格的转化？

当然二者都是。在一个时期，形成某种风格的一部分基本因素还保持着延续性，而另一部分比较敏感、比较快地反映人类生活和心理的变化的因素，已经按照全然不同的、常常是相反的、常常是在风格演进史中前所未见的原则采取了新的形式；而且只有在经过一段相当长的时间之后，当新构图方法的锋芒达到它的最高峰，那时候，它就会向旧风格残留的因素开刀，向个别的形式开刀，迫使它们服从发展的规律，改造它们，使它们适合新风格的美。相反，常有的一种情况是，新风格的多种多样的规律首先反映在完全不相同的形式因素上，起初这些因素还跟过去旧的构图方法保持着延续性，后来才被逐渐改造。但是，不论艺术走上述哪一条路，新颖而尽善尽美的风格的出现只能是这两种原则——**延续性和独立性**的结果。建筑风格的复杂现象不能立即而全面地变化。**延续性规律**节约艺术家创造发明能力和机智，巩固他的经验和技巧，而**独立性规律**构成一种动力，给创造性以健康的、青春的液汁，给它以强有力的现代性，没有这现代性，艺术就不成其为艺术。风格的成熟只有一个很短的时期，它通常反映创造性工作的新颖而独立的规律，而时代的陈旧和没落的方面，不论在个别孤立的形式因素里还是在构图方法里，都与以前的和以后的风格时期相联系。这就是这个显著的矛盾如何不仅在新风格的诞生中并且也在任何一个历史时期中被调和并得到解释。

如果没有延续性，每个文化的演进都将是永远长不大的，也许永远达不到成熟的顶点。要达到这顶点，必须巩固前一个文化的艺术经验。

然而同时，如果没有独立性，文化将坠入一种永恒的衰老状态，没有尽头的、绝望的萎缩状态，因为永远咀嚼同一块食物是不可能的。不惜一切代价而寻求的，是不自知他们正在进行创造的野蛮人勇敢的血液，或者是对创造性工作有一种坚韧不拔的嗜好并自觉到他们独立的“自我”的合法性的民族血液，这样，艺术就能再一次新生，并重新进入它的繁荣期。这样就可以从心理上懂得具有破坏性的野蛮人，他们的鲜血因他们的潜力的合法性得到确认而搏动，即使与精致然而衰老的文化相联系；同时也能懂得常常在最高度文明化的时代的历史中遇见的全部“野蛮行为”，新的破坏了旧的，甚至美丽的和庄严的，仅仅凭着赋予胆大妄为的年轻人的合法性 。

让我们回忆阿尔伯蒂说的话，他是一个保有许许多多延续性因素的文化的代表，又是一个创造新风格的楷模，他说：“我更信任那些造了公共浴场和万神庙以及其他建筑物的人，……我更信任理性，远远胜过信任任何个人。”

伯拉孟特对自己创作活动的正确性越来越自信，为了实现他的宏伟设计，不惜拆掉整片的房子，因而一些诽谤他的人给他一个绰号，叫“废墟制造者”。其实，这个绰号也完全可以奉送给16、17世纪的任何一位领导潮流的建筑师。1577年，威尼斯总督宫大火之后，帕拉第奥三番四次地怂恿议会，要按照他自己的文艺复兴世界观来重建这座哥特式宫殿，造成罗马式。1661年，贝尼尼面对在圣彼得大教堂前建造柱廊的任务时，毫不犹豫地拆除了拉斐尔的拉奎拉府邸（Palazzo dell'Aquila）。在法国，有更多得多的例子，当然是在大革命时期。例如，1797年，奥尔良的圣希莱赫教堂（St. Hilaire）被改造成了一座现代市场。

即使我们不考虑坚信现代创新思想的合法性的这个极端表现，我们对过去时代投去的任何一瞥都会使我们相信，在那些人类文化的最辉煌时期，存在着一个非常明确的意识，对形式的独立的、现代的理解的合法性充满自信。只有一个颓废堕落的时代，才愿意让现代形式屈从于过去时代的风格；前十年，我们的一些最卓越的建筑师有一种根深蒂固的思想，即一座城市的新区不应该按它自己的有机规律去建造，去超越任何一种既定的风格特征，而要按原有的老区的风格去建造，尽管它们的形式已经僵化，这种思想使他们把城市的许多部分，整片整片地屈从于旧的风格化了的大型重要建筑物的样式，这是现代创造力萎弱的绝好标志。在最好的时期，建筑师以他们现代精神的力量和敏感去掌握过去所创造的风格形式，同时，正确地预见到城市总体的有机的发展。

一位心里装满了他自己的创造思想、装满了他周围的现实的艺术家，只有一种工作方法，他只做心里想着的工作，只能创造现代的形式，而绝不考虑别人——即使他最杰出的先辈，在他的地位上将会怎么做。

在这个意义上，蕴含着某种传统的希腊的神庙，许多世纪以来都是最有意义的、有说服力的例子。一座神庙要造很多年，它的柱子往往就是这个长长建造过程的生动的编年史。

十分明显，希腊的建筑师们既不考虑任何的延续性，也不使他们的设计屈从于任何特种意义的和谐；他们一心一意坚决希望每时每刻实现他们当时的现代形式。因为希腊神庙的外形整个说来是统一的，延续性和和谐各适其宜地产生了。

以完全相同的方式，那些在罗曼乃斯克时期开始兴建而于一二百年后完成的主教堂，不可避免地采取了当时的哥特式风格，就像文艺复兴时期的建筑师，毫不犹豫地把开始于哥特时期并照哥特风格建造的主教堂按照纯粹文艺复兴的形式来完成，虽然这种新形式与主教堂格格不入。自然，这些建筑师不可能不这样做，因为真正的创造性只能是真诚的，其结果就是现代的。一切其他的考虑，跟这个表现自己的创造性格的顽强愿望相比，都是无足轻重的。一朵花在原野里开放是因为它不能不开放；它不能考虑它是不是适合眼前的原野。相反，由于它的出现，这朵花改变了原野的一般面貌。

从这个观点来看，早期的意大利未来主义是一个很有趣的现象，它走向另一个极端。意大利的艺术家们被包围在无数完美的古代伟大作品之中，受到它们的哺育，但他们认为，这些伟大作品的完美对他们的心理是太大的负担，妨碍他们去创造一个现代的艺术；于是，他们做出了战略性的决定，要扫荡掉这些遗产。为了能够创造任何新的东西，必须封闭所有的博物馆，毁掉所有的重要古建筑物。当然，这种绝望的姿态在心理上是可以理解的，因为它表现出艺术家们渴望真正的创造性的意识；但是，它同时刻画出这艺术的缺乏创造性，正像那些“过去主义者”的折衷主义追求一样。

既不能靠保持延续性，也不能靠消灭过去的艺术。它们只不过是一些征兆，说明我们已经到了一个新时代。只有一颗创造能力的火星才能孕育出一朵新花、形式演进中的一个新阶段、一种新的真正现代的风格。这火星产生于现代性，产生于有所作为的艺术家，这些艺术家，**不是根据他们爱好的风格来创作，而仅仅根据现代性的固有语言来创作。在他们的艺术方法中反映着今天的真正本质、今天的旋律、今天的日常劳动和心事，以及今天的高尚理想**。也许我们进入这个幸福的王国的时候已经快要到了。

2

希腊-意大利“古典的”思想体系和它的现代遗产

起重机

有些事情要在漫长的岁月之后才看得清楚。所有枝节的和短暂的东西都消失了；经受了时间考验的东西存留了下来，因它的客观价值而或多或少成为永恒的了。在这个过程中，几年、几十年甚至几百年都不起什么作用；我们把风格的演变看成它们的进化，而一些日子不过是方向转变的时间标志。少数杰出的重要建筑物有时可以给我们勾画出这样的一副参考框架，而这个进化史的其余部分则要靠理解才能建立起来。

当然，这部分地是由于我们对过去的知识不足。就像19世纪的考古发掘以大量克里特–米诺斯文化和埃及文化的文物丰富了我们的知识一样，还有许许多多的发现等待着我们去做。作为这些发现的结果，毫无疑问，风格的演变史里将会增添新的时期、新的阶段，也许甚至还会有全新风格的繁盛期。

虽然如此，也许由于我们关于过去的知识的相对性，一个清晰的、综合的风格发展模式还是出现了。新的发现可能使这个模式更清晰、更复杂，但不会使它模糊。那些没有任何客观价值的东西不能吸引我们的注意，虽然在短时期内它会主导一些同代人的思想。或者相反，一些从来引不起同代人注意的东西，由于毫无偏见的推断，由于我们对它在许许多多其他现象中的表现的公正鉴定，可能进入到我们的视野。只有经

科隆的火车站台

过这样的过程，才可能建立起一部首尾一贯的艺术史，在这部艺术史中，每个环节都根据它的客观意义来理解，而不是根据它的年代。在过去，一定曾经有过许多时期，几十年，甚至几百年，那时候创造的王国变得枯瘠，那时所创造出来的一切东西都是极端的、有害的、短命的。这些时期不在我们勾画的进化线之中，却不致使这条线有断口，因为这条假设的线是以最富有成果的时期为坐标勾画出来的。因此，这条线仅仅画出了最辉煌的成果，而不是一个民族的创作生涯中的全部发展。

这就是为什么历史上风格的变化如此恒常而有规则，也是为什么延续性和独立性规律是如此的明显。

当然，实际上情况是很不同的。在创造能力枯瘠的时期，人们往往以为大地会沉入漆黑的长夜之中，黄昏的微光好像是世界末日的预兆。斐瑞罗（Ferrero）写道："在文明的变化时期，人们总是害怕彻底的毁灭。"

我们认为在创作生涯的连续演化中曾经构成一个新环节的那个东西，似乎对同时代人来说是绝难以通过的一道边界，因为对于历史上没有什么意思的成功，平庸的日常事件，以及人生命的长度来说，时间好像是一个很可敬畏的因素。同时，风格的变化，即使对养成了这个变化的当时代人来说，也常常被认为是十分革命的东西，它把人们分为两个不可调和的阵营，一个站在过了时的文化的阴影之下，另一个铸造新环节。

我们也正在经历这样的时期。我们看一看建筑，就能看到，一个旧时代结束和一个新时代开始的迹象已经呈现得很清楚了。

几百年来，我们一直靠古代的或者叫作古典的体系的汁液养活，这体系已经成了欧洲建筑发展的弹跳板。如果我们议论什么东西是欧洲的或不是欧洲的，历史的或非历史的，美的或丑的，我们是在古典体系的思想框架里议论。古典的思想体系不但成了建筑圆满的哲学体系，而且为这个体系设想了一套出色的字母体系，从第一个到末一个。为了确定我们过去的哪些方面对我们有进化的意义，哪些已经不可挽回地失去，我们现在就要多花一点时间去分析一下这个“古典”体系的生成和发展。

古典思想的主要舞台是希腊-意大利世界，为了说明它的一般特点，有必要指出两种文化，它们以这种或那种形式连续地参与了古典思想的发展。第一种网罗了**古代希腊世界的遗产**，这世界是浸在古代的、绝顶天才的液汁中的。第二种是野蛮的北方民族的青春的和剧毒的血液。

第一种文化来自希腊和小亚细亚的半岛、岛屿和群岛，也来自希腊文明的滋生地大希腊，希腊文明传播到了意大利，总之，它从南部扩大它的影响。

第二种文化远比第一种贫弱和不重要。最初从利古里亚（Liguria）起，连绵不绝地从阿尔卑斯山和其他北方国家传播开来。虽然它毁灭了完美的希腊文化，但它使衰弱的血液重新焕发青春，从而证明了它的意义。雅利安人（北方的翁布里亚人和萨贝利人、东方的伊特鲁里亚人）在耶稣诞生前很久就参加到意大利民族的缔造中来了。此后，高卢人、日耳曼人、哥特人、匈奴人、法兰克人和兰高巴人不断地加入到意大利民族中来。

关于希腊的文化和艺术已经写过许许多多的书了。希腊艺术天才的完美已经成了普通常识。我们在这里只打算强调它的那些我们认为对古典艺术发生了影响的方面。

整个希腊艺术中最基本的方面之一是**抽象性**。脱离任何具体的条件，把整个环境客体化，把美的一切表现都屈从于模式化的、抽象的原则，这些都是希腊艺术的显著的特点。

在我们观察希腊艺术的时候，我们从来没有体验过孤立的印象、互不协调的感觉或者偶发的情绪。我们总是面对着一个清晰的、有条有理的原则，一种无比聪明的组织模式，所有的部分都服从这个模式。观察一件希腊艺术品就是观察这样一个完美的模式，所有的细部和偶然因素都是从属于它的。

希腊艺术家们最早懂得他们周围的世界不是偶然的，不是盲目的堆积，而是一个和谐的、组织得条理清楚的系统。他们力求在宇宙空间的无定形的范围中把它隔离出来，赋予空间体验以可感的清晰性和精确性。

希腊的天才创造了艺术的文法。它把形象分类，并证明它们的一般化和抽象化倾向。

他们发现，在个别有机体的系列中，每个个体中呈现的基本性状和特点对整体都是本质的。这样就可以把特点协调起来，它们的组合就代表这类有机体的定式。在许多世纪的演化过程中，希腊人集中精力去无限地完善了这个定式，它的所有的部分以及部分之间的关系都规范化了。

我们来看一看希腊雕刻的不朽范例。我们能不能看出这个人是瘦的还是肥的，高的还是矮的，忧郁还是快活的？当然不能，因为希腊人做的这个雕刻是日常经验的抽象，是人体的定式，是一个挑选出来的观念的经过无限完善的客体化。在人身上，就像在其他艺术对象上一样，希腊人只找出能够肯定他们建立的和谐的定式的那些形象。

我摘一段阿勒什在他的《意大利文艺复兴》（Allesh：*The Renaissance In Italy*）一书中对希腊庙宇的描写：

"如果我们看一眼这个系统，我们就能看到，它的基本原则包含着整体的清晰、各主要部分的区分和相应的对它的所有节点的强调，以及每个部分的功能的显示。这座建筑物的整合的方式和它的独有的特性因而非常明白。我们对付的是一个关于思维的系统框架的概念，它干脆利落地区分特征，并且不允许它们混杂在一起。……希腊神庙就像概念一样清晰易懂；它也是不可改变的，如果你愿意说，它也是像概念那样永恒的。它是如此彻底地清晰，它的各部分经过如此完美的推敲，以至于不可能改动、扩大、缩小任何一个组成部分而不致破坏它的整体。"

在建筑中我们因此也见到了，希腊人追求的是普遍的强制性的方面，是完善了的图式，是清晰地构成的规范。考虑到希腊建筑中富有创造性的作品绝不模仿什么东西，这就更见出它的成就的重大意义。

因而，希腊建筑天才的无比意义来自它的抽象意识，它的空间的清晰的结晶化，它的为重大建筑物**制定定式**、系统，而它的创造性努力的不朽价值来自这个定式的**完美**。这个完美是经过很长时间的探讨和坚定的努力才获得的；因此，这并不奇怪，这些成就**提高到了一个体系的水平**，整体的每个局部必须精确地用数字比来确定，而这个数字比又必须按照一个确定的秩序来确定。

希腊庙宇的概念如此形成，它构成了希腊建筑的真正本质。

神堂、柱廊、前室、宝库等等对希腊人来说都是一个整体的局部，服从于一个更有普遍性的图式的偶然因素。庙宇的清清楚楚地表现出来的空间系统，柱子、柱头、额枋、檐壁、檐口、山花等等特定的组合方式都是不可改变的，按照一定规则的，以致一切都一目了然。

如果一位希腊建筑师希望以他的艺术超过他的前辈，他自然不能脱离这个伟大的图式，其中一切都功能地联系着。因此，他只好重复同样的概念，仅仅把规模加一倍或加两倍，甚至几乎机械地重复最小的细节，而把它们放大一两倍。连台阶和门这种东西也抽象化到了跟它们真正的大小没有关系的地步。以这种方式，希腊庙宇跟它的周围景色融为一体，然而却失去了建筑尺度感，这尺度感是把建筑物的各部分的大小按实际情况考虑才获得的。

应该注意到，在希腊庙宇的观念中也产生了一些变体和个体特点，这是由于希腊民族不是单一的，是由于地理的、社会的和其他的各种条件。爱奥尼柱式是在小亚细亚的岛屿上和海岸边以及希腊东部创造出来的，多立克柱式则产生于西部希腊，西西里和相邻的岛屿；在希腊本土，两者都有。

但是，当我们仔细考察爱奥尼和多立克这两种柱式时，我们可以发现，基本上，它们都没有冒犯那些图式或定式。希腊建筑师不过修正了区分和整合不同部分的系统而已；尽管庙宇之间细部略有差别，我们仍然为它们的图式的一致和界定的空间的一致而感到吃惊。

也还有其他的差别，不是柱式的差别而是希腊文化各时期里产生的个别部分的比例的差别，这些差别把风格分为早期、盛期和晚期，并在我们心里引起不同的感觉。不过，即使这种差别也没有力量破坏或者修改基本的图式。

柱子可能更粗壮一点，柱间距可能更宽阔一点，形式更丰富一点，但是整合所有这些部分的定式并没有变。它吸收了所有这些个别的、偶然的发展，成为包容一切的、普遍地激发兴趣的、真正伟大的艺术。贯串在所有这些差别和特性之中的主旋律是**内心满足和平衡**的真正难得的感觉，这感觉渗透了这个艺术，它不追求不可能的东西，而是自足的，并且极清晰地反映那些希腊共和国的社会秩序、民主性格和文化发展。

这情况有助于说明希腊艺术的生命力，这是送给所有的民族、所有的国家都承认的那种魅力的礼物。

体现了一种无限优美的、抽象的、引起普遍兴趣的、永恒的、超民族的而且几乎是非人的和谐的定式，希腊艺术没有一定程度的灵活性；希腊神庙可以被精确地复制，但却不能有所改动或者风格化。这就是为什么意大利文艺复兴虽然有古代那样的感觉和机智，却从来没有一次在艺术中复制希腊庙宇的定式，尽管希腊的影响有力地到处渗透，帕埃斯图姆的辉煌的庙宇群又近在咫尺。

人类文化的水平越原始，种族、自然和气候的特点的优势就越起作用，它们集结着创造性的民族特色，只是缓慢地、逐渐地把它们的统治地位让给日益复杂的生活的社会和经济特点。

跟希腊建筑图式的抽象性、明晰性和纯净性相比，阿尔卑斯山外侧的民族带来的北方影响给了意大利以完全相反的特性。在这些民族的艺术中，代替抽象的观念，人们总是遇到一个高度特异性的形式，它充满了主观的东西。希腊人追求一般化了的特性，在对严酷的气候的紧张斗争中成长起来的北方人，相反地追求的是特定瞬间的随机地组合的特性。北方人总是印象主义者，因为他从周围世界或他自己的经验中抓取一个孤立的瞬间。他热烈地切望传达跟一定的主观观念相联系的感情。当希腊人切望发现**一个定式，一个图式，实际上也就是形式的观念本身**的时刻，北方艺术家希望传达一个引起他自己真实感情的形象的**精神表现**。这就是为什么希腊艺术总是相当冷峻和理性，作为它的理想呈现出来的图式是和谐的；另一方面，北方的艺术总是富有表情的，动感情的，由于感情的光辉而发热，并产生出**动情性**来作为它的最高成就。

代替了希腊人设计出来的清晰的和质朴的定式，我们在这里看到了它的反面：混乱的和紧张的形象，轻视普遍的规律，以及对形式的强力和表现性的不惜任何代价的追求。

在希腊的艺术中，人体是一种完美的机体，它的规律和功能是一清二楚的，而北方艺术家只看到了人的感情的冲动和一种渴望，任何其他东西都服从他的强力。

那么，从北方人手里，能够指望产生出什么样的建筑来呢？它首先是土生土长的；它经常表现一个特殊的创造时刻，特殊的创造气氛，它不屈不挠地要去强调这个，而不惜失去任何一般的或抽象的特点。

虽然雅典卫城上的重要建筑物都紧密地联系着它们周围的自然地形，但这并不违反这样的事实，即同样的创造观念，同样的艺术定式，会出现在西西里湛蓝的海湾，在帕埃斯图姆宁静的平原，在北方、西方、南方和东方，在大城市的广场里，在荒凉的僻野。因为希腊庙宇是过分地定式化和抽象了，它在适应各种景观方面，或者说，在使景观适应它方面，是不成功的。这就立刻形成了希腊艺术的力量和弱点。

而北方的建筑则是把它的乡土田野上的芬芳凝固起来；它是特定时间和地点的孩子，是特定创造时刻的孩子；它只应和着周围景观的节拍搏动，把它们扯开，就是给它们以致命的打击。北方建筑只要一离开它的本乡本土，就立刻会变得暗淡，失去魅力，所以说它没有任何普遍性的特点。它没有关于美的定式或者规则，它总是为了一些过分装饰的细节而牺牲普遍性。

这自然就导致**失去形式的纯净性**，失去自足的美，**也失去了平面的总的清晰性以及整体与局部的关系的清晰性**。一切都被打破而后重组起来，或者更确切地说，堆积起来以实现某种动态的思想，以致产生了丰富和炽热的激情。

建筑有机体的本体因而不再像一个理性的东西，它本来有它所必需的部分，每个部分有它特有的功能。建筑作品从此实际上含糊不清，没有定形，或者碎裂成细小的原子，除了体现一个服从于基本观念的集体的愿望之外，它们没有别的功能。

在哥特时期，体现北方建筑的特点已经是平常事了。哥特式的主教堂就是一堆细小的形式碎块，它们饱含着紧张的冲力，扰乱和消灭界限和面以及组合的功能。

北方艺术的这些同样的特点在北方的模仿南方古典图式的作品中表现得更加显著，比方说在所谓北方文艺复兴的例子中。

阿勒什在他写的那本很好地阐释了希腊文化特点的关于文艺复兴建筑的书里多少犯了点错误，他把那些特点也赋予了意大利，把二者捏合成一个词“希腊–意大利”艺术。

我们看出，“古典的”意大利艺术无疑吸收了希腊征服者的许多好东西，但在很大程度上是独立于希腊理想的。那些成为新的、从意大利中部产生出来的已经很纯净了的意大利文化的毫无疑问的形象特点，是许多影响的产物，这些影响来自南方、北方和东方，融合成了土生土长的意大利文化的核心，它最初显现在伊特鲁里亚古代艺术中。

在15和16世纪那么灿烂辉煌的古典意大利艺术的真正的根要到翁布里亚（Umbria）、伊特鲁里亚（Etruria）以及稍后在拉齐奥（Latium）及其周围地区去寻找。

伊特鲁里亚艺术是短暂的。它既没有成熟也没有没落；它也没有获得丰富的表现力使我们能够把它当作完成的东西。虽然如此，伊特鲁里亚艺术仍然不可低估，因为尽管有不完美之处，它仍清楚地显示了新的、年轻的文化的特征性面貌。正是伊特鲁里亚艺术的创生作用远远地超过了它的自足的形式的意义。

伊特鲁里亚人在两次移民高潮中从东方［小亚细亚、吕底亚（Lydia）］来到意大利腹地，那两次高潮分别在公元前14至公元前13世纪和公元前11世纪。他们在那儿与土著同化并适应了当地的气候和生活条件，他们创造了新的意大利人的核心，那里交汇着南方和北方的源流。甚至在伊特鲁里亚人雕刻方面的不大的成就中，我们已经见到了新的特点：强烈地表现出来的对现实主义的爱好，对刻画个性肖像的爱好，这爱好突破了希腊人对形式的理解。

看着伊特鲁里亚人的绘画——包括塔尔奎尼亚（Corneto Tarquinia）或高里尼墓（Golini Tomb）的壁画，那里希腊精神还完全地统治着艺术家的工作——我们也可以指出许许多多魔术师、小丑和杂技演员的肖像［塔尔奎尼亚（Pulcinella）墓］，它们全都显示出意大利的新原则。这些人物的像已经不能清清楚楚地分开，而是已经开始交融并且富有动态。从形式的最后处理中产生出来的结果不是在希腊绘画中见到的那种图案性——强调区分的意识和特性——而是一种新产生出来的、完全是绘画性的意识，它具有肯定生活的蓬勃之气。它不再被理想图式的传统表现所局限。

如果我们转向建筑，我们可以见到，这种特征性的意大利形象比在任何其他艺术中都更多地越过几世纪之久的中世纪而传到了文艺复兴。

伊特鲁里亚人采用希腊人的完美的抽象图式，使它适用于新的社会条件，他们以不知善恶的野蛮人的大胆来做这件事。毫不在乎地破坏掉完美性。因为需要突破教条传统为新的力量开路，这力量在开初的时候是破坏性的，但同时又为未来的发展准备了起步的场地。希腊人如此完美的多立克柱式被可怕地歪曲了：它所有的线条都变得冰冷而不精致。

那庙宇本身，站在高高的台基上，中央开间略略宽一点，违反希腊图式以满足伊特鲁里亚人的具体而实际的愿望，即要有一个进入庙宇的畅通的入口，结果是得到一个相当不错的尺度感，取代了希腊人的抽象的母度制。

以完全同样的方式，我们在这里看到古典意大利住宅的原型，有一个小天井，前廊由牛腿或者柱子支承，一个小池子汇集雨水，这池子后来成了15、16世纪文艺复兴建筑师最喜欢的内院的中央水池。

最后，也是在这里，我们第一次在意大利土地上见到了券和拱，很可能是伊特鲁里亚人从两河流域引来的，用来造下水道、桥梁以及塔尔奎尼亚、法勒里、萨特里、沃尔脱拉、阿拉特里、佩鲁贾（Tarquinia, Falerii, Sutri, Volterra, Alatri, Perugia）等地的城门。我们同样在这里注意到了发券与额枋的组合方式的最早的例子。

后来不久，经过罗马人稍作改造，这些萌芽成了结构和装饰的母题，它们跟我们自己的15至16世纪建筑概念的基本之处并没有什么不同。

伊特鲁里亚人利用和改造了希腊人的美学定式之后，当然不能避免地受到个别的形式设计因素、细部和希腊人建筑语言中固有的特点的影响。

这一切的基本结果是伊特鲁里亚人的拼音字母仍然是希腊的。由于跟希腊人相比伊特鲁里亚人在利用这份遗产上是野蛮的，这些个别因素把希腊富有创造性的作品中的这些因素庸俗化了。我们应当在这个情境中观察伊特鲁里亚人的柱式，以及他们的爱奥尼和科林斯柱头，它们的正中有一棵稚拙的棕榈树和一个半身像。

伊特鲁里亚人只来得及播种他们的新概念的种子。大约在公元前3世纪之初，伊特鲁里亚文化，与所有的从希腊和希腊化的东方发射过来的风格冲击一起，被同化进了罗马文化，罗马人成功地发展了这些已经建成的基础，达到了高度的成熟。这儿也是一样，新的艺术图式的完善是在同样一些希腊范型和艺术家的使一切净化、使一切高贵化的影响之下达到的，这些范型和艺术家越来越多地越过罗马边境，尤其是在公元前146年最终征服了希腊人之后。

因此，罗马艺术形式的因素无疑是同样的希腊文化的产物，希腊文化在新的土地上和新的环境中失去了它的纯净性。

除所有这些之外，必须承认罗马艺术在使用和整合这些继承来的形式因素的过程中获得了很多的变化和丰富性。

希腊建筑师系统地规范化了的柱廊和山花是由独立柱子排列而成的，由独立柱子支承的，但在罗马建筑中，独立柱子的作用小得多了。独立柱仅仅在庙宇中还有，而且只限于正面，庙宇的整体是按照伊特鲁里亚人改造过了的构思造起来的，其他三面的墙通常不过是用扁壁柱或嵌在墙里的柱子简单地点缀一下。在少数希腊建筑物里可能找到这样的先例，不过只是胚胎状态。只有在罗马人手里这种做法才有了新的、广泛的影响。它的墙面处理因而拥有很多变化和表现力，用于剧场、角斗场，尤其是凯旋门。

同时，靠在墙上而又企图挣脱墙面的柱子产生了一种不安定的戏剧性的效果，这情况已经是一种冲击的标志，这些冲击是跟希腊精神格格不入的，它的最充分的表现是在16世纪末的巴洛克风格中。柱子，由于它的脱离墙面的倾向，破坏了一向平滑的、镜子般的檐部的表面，柱子的垂直轮廓向前凸出，凸出在檐口和下面的基座之外，这在大多数凯旋门上可以见到。这一切已经表现了一个新的构图思想，这种构图是紧张的、动态的，檐部和希腊式山花倾斜的总轮廓线也不能使它们稍稍缓和。同时，柱子失去了它的结构功能，而没有结构功能，希腊柱式便不可设想。至多，它在这里扮演一个辅助角色，靠在墙上，跟墙一起支承上面的荷载（马克辛提乌斯巴西利卡，浴场的温水浴室）；绝大多数的实例中，它什么也不负荷，只有小小一块檐部凸出在它上头（凯旋门）。因此，我们在观看罗马的君士坦丁凯旋门和大角斗场或者安科纳（Ancona）的凯旋门时所体验到的复杂的感觉是有意地在它们的表面上做出来的一些力量的结果，它是一种震撼人心的戏剧化的装腔作势，一种为了模糊或者显示它们的结构本质的形式游戏，但是人总是有足够的自持能力并独立地去探明一个有价值的观察对象。我们在这里第一次在一个工作着的结构中生动地见到在身体和包裹着它的衣饰之间的明确的分别，它是最纯粹的艺术创造的成果，是幻想力的创造性表演的成果。因而，在罗马建筑中，审美感情的体现就像任何对结构需要的考虑一样，都是建筑师的重大目标。这两个目标通常不一致，就像我们在希腊建筑中见到的那样，它们通常是并存，互相平行。虽然我们不承认那个发明了新的建筑材料（混凝土）并以一个新方法，即用纯粹结构的眼光大规模地用筒形拱、十字交叉拱和穹顶来解决屋盖问题的风格是一种审美风格，我们仍然得承认正是罗马建筑为**15和16世纪意大利的已经纯净了的审美风格**开辟了道路，它们是文艺复兴建筑师的不朽的光荣。

罗马人向全世界推出的成就，仍然是以同样的结构因素——券和拱——为基础的，它们是伊特鲁里亚人的赐予；而正是罗马，这个因素才第一次注定了要得到它的恰如其分的审美的实况。

在罗马的水利工程中普遍使用发券。这些工程中，出现了罗马艺术中把柱子和额枋放到墙上券洞之前的例子，正是这一套构图为把这两种不相干的因素——凸出来的柱子、额枋和它后面的券洞——组合在一个平面上提供了草草的大意，后来创造了精致的券柱式母题，它在大量的、最有变化的凯旋门中被推敲得如此辉煌。

事实上，有些例子（Palaiomanina和Palairos的门）可以证明，希腊人已经使用了发券，也可以证明，从公元前4世纪末起，在希腊居民点的重要建筑物里，已经有了使用筒形拱的例子（俄罗斯南部和亚历山大港附近的坟墓），已经发现在希腊东方，尤其是希腊本土可以见到一些券洞和柱子额枋体系相组合的胚胎（Delos 和 Siros岛上的墓碑），它们可能是罗马凯旋门发展的出发点。然而，如果说这些新的艺术因素已经进入希腊文化，那是绝对没有意义的。倒不如说，如在残存的断片中见到的，它们存在于这样原始的状态中，很有说服力地证明，它们与希腊艺术是格格不入的。因为，如果希腊建筑师**知道如何**去造一个券，**知道**把券洞与柱子体系结合起来，然而却**并不采用它们**作为基本的艺术手段，那么就有较多的理由说，这个母题在罗马艺术中成了风格中最典型的、最常见的因素。

凯旋门也产生了另一种建筑手法，这就是赋予凯旋门顶上的女儿墙以夸张的意义。代替了希腊艺术中明确、和谐地组织材料的图式，在这里见到了过分夸大构图的上部，产生了无限的紧张之感。另一方面，券洞和柱子额枋的组合用来解决更复杂的问题，同样的母题在垂直方向上重复多次，一个摞在一个上。这种手法的最好例子是马切罗剧场和弗拉维角斗场，它们身上，塔斯干、爱奥尼、科林斯柱式一个摞一个，造成有节奏的水平运动和垂直运动的行列。这个母题在15至16世纪意大利的府邸的内院里起了很重要的作用；这内院是在伊特鲁里亚的天井和堂屋的基础上发展起来的，采取并改造了角斗场的图式，产生了像法尔尼斯府邸内院那样的文艺复兴的杰作。

这是一个崭新的建筑构图方式，罗马人用它丰富了希腊的遗产。

用于处理平坦的和弯曲的表面的装饰构图原则，也经历了相似的改造。从希腊的装饰方案演化出来，罗马的装饰艺术产生了大量全新的构图方法；主要之点是装饰的原则本身有了全然不同的性格。希腊人所用的装饰集中在檐壁，或作主题雕刻，或作点缀，它总是均匀地分布于一个表面上，造成某种必要的平面性，以保证构图中装饰的面不致从底子的面上过于断然地凸出来。希腊装饰艺术的基本方法是**和谐**，是小心翼翼地仔细地分配富有韵律感的装饰表面。罗马人则采取另一种方法。

因为有必要在穹顶、筒形拱和十字拱的弯曲表面分配装饰面积，罗马人不得不创立了一个**基本母题**（放在变形最少的地方）和**次要母题**（放在变形很大的地方）的体系。这个体系因而否定了所有装饰因素都有同等价值的原则。在一个装饰图式中有一块核心面积，这种构思产生了，并且广泛使用，事实上是用于所有的重要建筑物中。

帕尔米拉的庙宇中的石碑、罗马提图斯凯旋门的券洞、贝内文托的图拉真凯旋门、尼禄宫的拱顶壁画等等，都是富有这种正在形成的新的装饰方法的实例。虽然在大多数例子中，这个核心装饰面积都密切地与整个构图形成整体，并不破坏整体的和谐的平衡，它们却把观看者的目光吸引到一个特定的片断，好像要把它从整体中提出来，强迫人们注意它，欣赏它的突出的特征。

自然，罗马艺术中所有的新东西都极其清楚地表现在建筑师封闭空间的方法上，这内部空间以全新的方法创造出来，而且以它们的模糊性和明确地表现出来的尺度感——以人体作为决定所有尺寸的模数——使人不安，它给观看者的冲击是不能与希腊人的清晰的和谐效果相比的，但能与使人敬畏的、使人迷惑的自然现象相比。

希腊建筑师的抽象能力曾经明确地界定长方形神堂的三度空间的边界，同时也以明确地表现出来的功能创造了十分相同的内部图式，在那里没有偶然性和模糊性。

希腊建筑师有时不大情愿地求助于圆形，它不十分明确，它所包围的空间由不大明确的方法决定。即使在这些稀有的实例中，形式的规则性和不大的体量仍然保持了有序的、均衡的和谐，这是希腊艺术中必有的。

罗马帝国的大规模建设促使新的建筑材料——混凝土的产生。使用混凝土使罗马人得以轻松地建造大型的拱顶：在穹顶和筒形拱之后，作为筒形拱的最高峰，出现了十字拱，它有能力以创造个别的互不相关的空间而不是整合的空间来离心地而不是向心地界定空间。这个构思的逻辑的顶点，以及罗马新的构图方法的最好实例，是一座总合着错综复杂的房间的新建筑物——公共浴场。这种大型重要建筑物的丰富性，前所未见的豪华，以及它们在罗马人日常生活中所占的地位，都使我们相信，它们所用的建筑方法都不是偶然的，相反，我们应该在它们身上寻找新的艺术态度、观念和抱负的精髓，这些都是与希腊人的天才遗产大不相同的。在浴场里，一切都绝然分化了。我们不再见到完整的整体，而见到了许多长方形、圆形和方形的房间的综合，点缀着轮廓变化多端的龛和凹间，覆盖着平的、有装饰的天花，以及筒形的、十字形的拱和穹顶。与作为希腊人构思特征的封闭和清晰的界定不同，公共浴场中的一切都以开敞的门窗、券洞、壁龛等联系起来：一切都流动和运行着，不受阻碍，从一个几何形到另一个；一切都被模糊地包容于它的边界之中。

不再在装饰的运用方面有节制、有质朴的纯真，一切因素不一定总是必要的、合乎艺术逻辑的，有它们的权利和责任，罗马公共浴场的每个装饰都是丰富的、辉煌的、复杂的；它们的组织是野蛮人的，纯粹是东方的变化因素；希望在一个地方集中知识和手艺的一切不同方面，提供几乎比实际存在的更多的东西。

一个追求不停顿的征服，追求世界霸权，追求自大和压倒别人的民族的不安分的、好战的文化在这里有力地、以不平常的清晰性表现出来了。

不同于希腊人的冷静、精致，罗马人的精神亢奋，感情爆发至于病态的程度。

这样，一个并没有创造性的新的艺术细节的风格，在它组织细节的方法上，在它布局的韵律上，在它所围起来的空间的复杂性和丰富性上，以及在它构图方法的多而有变化上，是真正新的、杰出的、独特的风格。它的弱点，与希腊风格相比，在于**虽然构图法的天地很广阔，但没有在深度上充分地发展构思，有些想法很初步**。对我们来说，这广阔的天地有特殊的意义，正是没有完成的艺术构思，给了罗马后代以了不起的造型资料，在15至16世纪被贪婪地吸收。那些不完善的东西总是会触发富有创造力的思想，去探讨使它们完善的可能方法，从而为创造性工作提供富有生命力的资料。

完善的和完美的艺术品是尽善尽美的和自足的东西：它强烈地感染人，但害怕亵渎。希腊人的艺术就是这样的。另一方面，不完善的东西总是为思想提供食品，给它未来发展的潜在机会。

事实是，15至16世纪的意大利人贪婪地抓住了这个罗马遗产；正是罗马的构图方法成了文艺复兴时期建筑师的出发点。看起来，似乎没有一种罗马的建筑母题没有被文艺复兴的建筑师利用过。十分动人的希腊理想永远是一个完美的和不可企及的范例，而罗马废墟中的血和肉织成了文艺复兴的布，它逐渐改善和纯化，因而在历史的短暂时刻里，似乎过去的希腊的完美，纯净的和谐，清晰的、精确的构图手法，随着劳拉纳（Laurana）和伯拉孟特（Bramante）的出现又一次实现了。

正是与希腊相反的罗马的建筑形式和创作方法，才是更典型的意大利式。这里有文艺复兴的“审美特点”的基础；也正是在这里，有它的创作天地的多样性和丰富性的源泉，它的高潮在从米开朗琪罗到贝尼尼和波洛米尼这段时期里，这时意大利建筑的特点是感情力量的爆发和激情的汹涌。

这之后来了一个古典艺术形式的演化过程中的漫长的衰落期。中世纪被掩蔽在黑暗中。古代世界达到了它的顶峰，却在蛮族的猛攻之下崩溃了。在欧洲，北方的影响，以它的特异性和富有特点的面貌，再一次占了主导地位。北方的野蛮人不能欣赏古代世界光辉的成就，在它的废墟上面，逐渐形成了中世纪冲动的、感情的艺术，有时以它令人吃惊的大胆和粗鲁的手段打动人，有时又以它激情的耗尽一切的冲击扣人心弦。

中世纪的罗曼乃斯克风格还是因对古典因素的无知破坏而与古典遗产有联系，哥特式则已经代表了一个自足的世界，中世纪成就的总和，一个不同的生活的最强有力的表现，一个新的世界观，新的理想、方法和艺术原则。正像希腊庙宇充分反映了古典世界的物质和精神生活，一座欧洲的哥特主教堂反映整个的封建制度，它的神学、神秘主义、禁欲主义，以及人类永不停息的新精神。

如果说在欧洲北部，哥特式创造了它自己有高度特色的世界，有不同的形式因素和不同的组织它们的方法，但是，在意大利，哥特式却不能说是同样的。除了米兰主教堂之外（这主教堂，以它全部的特征性面貌，实际上是欧洲人所认为的哥特式的唯一例子），其他所有造于这时期的重要建筑物都证实，意大利一分钟也没有割断它与世代传统的关系，也没有一刻脱离纯粹意大利的古典系统的影响。

奥维埃多、锡耶纳、佛罗伦萨的主教堂（S. Maria del Fiore，S. Croce）以及大量其他城市的主教堂都是关于这个论断的最好证明。意大利中世纪为它们的教堂选择了一个立面模式，它布局的清晰和精确一下子就显示出艺术家的方法是从古代世界的传统中锻炼出来的。

在这些作品中，清楚地表明，艺术家们没有能力透彻地掌握北方民族的新的构图方法，并且不情愿放弃那与本地风土相宜的、能理解的古代世界的模式。只在细部上做了让步，以致造出了像佛罗伦萨的圣米盖尔（San Michele）那样一些古怪的东西。

意大利大部分地区不情愿接受哥特式，这是意大利中世纪最奇怪、最引人注意的现象，经过三四百年的前导时期之后，它终于导致了文艺复兴的发动，而此时欧洲其余部分正沉浸在对哥特风格的冲击浪潮的狂热痴迷的陶醉之中。

这个令人迷惑不解的现象在艺术史中叫作“前文艺复兴”，它的最精致的作品分布在后来诞生文艺复兴的托斯卡纳地区。这个艺术的最好的例子是佛罗伦萨的圣米尼阿多（S. Miniato）教堂和洗礼堂，比萨的主教堂和斜塔。在这些建筑物里，与中世纪其他重要建筑物不同的是保存着许多古代的因素，不仅在基本布局上，而且也使用个别的细部。所以瓦萨里在16世纪把“复兴”这个词用于从13世纪以来意大利所有艺术上，甚至用到11和12世纪的个别重要作品上，指出它们与中世纪蛮族艺术的不同。

因而，我们见到古典的思想体系，那久久以前从同一条小溪流出来的思想体系，冲决了中世纪的堰坝，处处受到新力量的鼓舞，终于在15世纪转化为一股强大的潮流，汹涌地、壮观地喷薄而出。

我们不把古典艺术的这个辉煌的繁荣看作一个意外的奇迹或者对古

代的不可理解的回归，而仅仅看作一个演化过程的顶点，这个发展的极峰，以后再也没有了的繁荣，这就是所谓文艺复兴的艺术。

自然，这个艺术只在时代的背景之前，作为一系列客观因素的结果才能理解。

古代艺术必须通过的最困难的障碍是中世纪，它的经济制度的基础是封建法则，制造了无数的从属关系和不平等。为了给这个制度辩护，产生了经院哲学，它赋予封建主义以神圣的性质。这就是“上帝之国”思想特殊发展的原因，那思想又产生了神秘主义和禁欲主义，并使中世纪的建筑脱离尘世的生活，向上面对天国。

当然，这样的气氛是跟“古典的”思想体系做对的。在古典的思想体系中，一方面，希腊的世界观引进了不仅作为希腊艺术特征的而且也作为毫无神秘性的希腊宗教特征的清晰与精确，另一方面，罗马战士——征服者的粗野而求实惠的趣味只喜欢世俗艺术的血与肉。所以，“古典的”体系只有在抛弃了中世纪最典型的因素之后才能实现它后来的发展。

事实上，十字军一开始就同时发生了贸易关系的扩大，它破坏了自然经济的基础。农业与工业分开了，工业又分化为许多分支。这整个过程的结果是真正抛弃了农奴制，开始了社会自由的时代。贸易的复苏创造了一个有影响力的富裕市民阶级，他们极端讲究实际，只全心全意关心世界和世俗事务。那个鼓吹抑制感情的禁欲主义被新的潮流替代了，新潮流荣耀爱——爱，被看作人类真正的感情，热烈而真挚，到了粗野的程度。在城市里，产生了一种追求舒适，追求真正的世俗的安逸与福利的趣味。同时，在城市里也逐渐产生了一种自由的、完整的、自我意识的个性。贸易需要运通，发展了对旅行的爱好，市民的兴趣和眼光显示出来并且开阔了。文艺复兴时期的意大利政治图景是不断的大规模的斗争：各个共和国之间的斗争，每个省内的专制统治者与资产者，资产者与无产者，老行会与新行会，它们之间都有斗争。这些斗争把每个人都卷了进去，激励了他们，培养了人们好的和坏的品性；在这些斗争中，强者胜利，但胜利者要提心吊胆以防变成被征服者。

个人主义发展起来了，虽然在那时候它是为了反对几世纪之久的对个性的压抑而发展起来的，当时是**一个富有成果的、进步的个人主义。**

这些是文艺复兴作为一种风格而发展的广阔的基础。只消大致这样看一看，就能明白，文艺复兴**再也不能满足于中世纪所创造的形式了；它需要它自己伟大的、光辉的、特别易于掌握的、生机勃勃的艺术；而古代遗产仅仅是被拿出来作为工具从理论上论证这艺术的合理性**。其实，古典的思想体系不能进一步满足新的个人主义的发展，这个人主义渴望完完全全属于它自己的艺术。但那时候，这个古代体系的整体，作为创造性劳动的意识形态，作为艺术的哲学和理论框架，是唯一适合于文艺复兴的，它可以作为艺术灵感的永不枯竭的源泉，作为文艺复兴理论家们反对中世纪的斗争和辩论的无穷的矿藏。

换句话说，**15和16世纪的意大利给后来古老的、"古典的"体系的胜利发展提供了唯一富饶的、肥沃的土壤，这体系是被新的环境召唤回来的**。在另一方面，中世纪给了文艺复兴一个熟练的手工业匠人的行会体系，他们直接为消费者服务，已有好几代了，而艺术家行会那时其实就是一个手工业匠人的行会。在建筑师与熟练的行会师傅之间并没有区别，早期文艺复兴有许多图画描绘这种配合得极好的集体工作。就像哥特建筑师冉·德·谢勒（Jean de Chelles）、利伯其埃（Libergier）等人是普通的工匠一样，文艺复兴时期的桑迦洛兄弟（Sangallo brothers）也是普通的木匠；洛赛立诺（Rossellino）是个瓦匠；布鲁内莱斯基（Brunelleschi）是个雕花匠；马伊阿诺和庞特立（Benedetto da Maiano and Pontelli）都出身于大理石工匠世家。有一条规定是，建筑师只有被接纳进一个建筑工匠的组织之后才能执行他的职务；建筑师只能在工场里学习、培养。

文艺复兴时期个人主义的兴起自然地破坏了这个制度，并把杰出的艺术家和建筑师从行会的大众里提炼出来。只要个人主义还是进步的，这个提炼就是有成效的。16世纪的形势使历史有可能写成个别建筑师的历史而不是一些重要建筑物的历史，这一事实表明这个提炼的最高点。后来行会的破坏是灾难性的，有许多不幸的后果。在逐渐演化出来的新生活方式中，个人主义成了畸形的现象。新的生产方式要求一个对艺术的新态度；以后更其如此。

因而，在意大利文艺复兴时期，我们看到，除了有利于古典体系的发展的总情况之外，行会制度仍然存在，由它的关于完美的手艺的意识牢牢地团结起来。手艺毫无疑问对风格的发展有很高的意义。建筑师——手艺匠继承了罗马、伊特鲁里亚和中世纪的对牢固地扎根于乡土环境的艺术的偏爱，把他的注意力首先朝向他手头可以得到的建筑材料和创作条件。这就造成了意大利不同地区的鲜明的地方特色：托斯卡纳的丰富的毛石墙面处理手法形成的外貌，菲拉拉的起凸的和多雕饰的墙面，伦巴第和罗马附近（还有博洛尼）的红色砖墙，威尼斯的大理石墙，等等。

文艺复兴艺术就是依仗着这些不同的条件才创造出来的，伟大的罗马建筑的构图原则也由此而来，它有一个真正独一无二的外貌和独特的发展。而且，就像罗马所证实的那样，也许在更高的程度上，这艺术显示出一个惊人的品质——尺度意识。由特殊人物创作又为特殊人物使用的这时期的建筑产生了一些范例，它们的组织力量的强度十分突出。而且，这个组织能力的目标不仅仅在由墙和屋顶围起来的空间，还在周围的自然环境。漂亮的花园、台地和喷泉，与建筑一起创造了一个整体。意大利草木繁茂的自然环境以及一切都为了它而创造的真正人性的人，它们在一起构成了两个尺度模量，两个参数，建筑师的建筑观念总是在它们之中有信心地、精确地形成的，在这过程中需要有说服力的现实和必不可少的完善。就像在伯里克利的民主雅典一样，我们在这儿遇到了两个特征，它们促进了这些艺术达到不寻常的高峰：令人惊讶，即使在这个昌盛的环境中都深奥难解，在公元前5世纪的雅典和15至16世纪的意大利，涌现了大批天才；以及只有这时候才有的广泛的社会基础，这艺术的果实在其中广为传播。

如果我们不指出纯希腊方法对创作的不断影响，那么，议论欧洲思想的统一的“古典”体系便没有根据。事实上，就这艺术中个别的构图方法、深刻的现实感和尺度来看，文艺复兴是罗马的直接继承者，因此希腊的影响也只能在它为空间的精确，为整体的和谐的完整，为思想的不懈的完善化而做的努力中辨认出来。**罗马的现实的、有人性的尺度的、多变的艺术，透过希腊的客观化的和完美化的三棱镜；作为这样的综合的结果，“古典”体系的顶峰由新的创造者在新的基础上达到了**。建筑师把每个新问题的现实性与组织思想的清晰性和精致性结合，以致获得崭新的建筑物的光辉构思。

如果说希腊建筑师在长方形空间中寻找表现空间体验的清晰性和实在性的完美答案，那么，文艺复兴建筑师把他的注意力转向另一个问题，一个在希腊和罗马艺术中偶然一见的问题，即集中式的空间体积的问题。布鲁内莱斯基在佛罗伦萨的圣洛伦佐教堂的圣器室和巴齐礼拜堂中提出了关于这个问题的许多答案，但只有伯拉孟特的罗马圣彼得大教堂的设计才以希腊式的清晰性和精确性解决了集中式体积的问题。他把小空间放置在中央占统治地位的大空间周围去平衡它，就像天平两只盘子的精确平衡一样，他使它们不仅仅在一条轴线上发生相互关系，而是有无数这样的轴线，在教堂的一切部位都保持这个图式的力量。

同时，被新的物质需要所迫，文艺复兴的建筑师，不再使用希腊庙宇神堂的统一空间，也不再使用罗马浴场那样的不安定的片断化空间，而是摸索着把空间分划为若干组成部分，互相关联，共同表现一个统一的构思。出现了一个清晰的观念，既有关于被强调的基本构件的，也有关于居于从属地位的次级构件的。在住宅和宫殿的构思中，有了连列厅，一些房间串联在共同的轴线上，由华丽的门道相连，致使眼睛可以十分清楚地辨认它们的纵向运动。文艺复兴的建筑师从罗马人那里取来了不同体系的拱顶，使它们按照纯粹希腊人的方式变得更清楚、更精确。不再使用浴场的在深度和宽度上令人捉摸不定地扩展的、不安定的空间。文艺复兴的府邸里任何丰富和过分都破坏不了组织方法的可靠性和明确性。

同时，新的府邸围绕着一个内院布置，按照集中式平面的教堂的清晰的体系中所表现出来的同一个平衡原则。

这就是文艺复兴作为一种风格的作用和意义。文艺复兴用希腊人的精确性完成了罗马人未完成的艺术，它能够造成一个新的建筑表现；靠着它，文艺复兴完成了它的任务，然后非死亡不可了。必要条件的进一步发展不再有利于“古典的”体系。在文艺复兴时期还显得进步的许多特点终于导致“古典的”体系的垮台。

如果说古典艺术里还有什么不完美的话，那是古罗马许多作品中散发出来的不可捉摸的、令人不安的恓惶之感。文艺复兴有意避免这一点，在它的最小的构件和细节中都力求明确和切实。取代文艺复兴的巴洛克风格，放弃了促使古典体系最终破坏的任务，这任务实际上一直延续到今天。在巴洛克中我们见到了一个有力的、激情的努力去掌握这体系，去赋予它前所未有的活力，使它可以再生。一切可以扰乱已确定了的界限的清晰性的，可以使整齐的空间形式模糊的，可以使它们的形状似乎捉摸不定的手段和构图方法，统统都搞出来了。新风格最喜爱的手法是：构思的突然变化所形成的强烈对比，若干场合中的整合和过分简单化的统一而在另一些场合中的过分堆砌，力量忽紧忽弛的节奏律动的张力，等等。最后，巴洛克时时也产生新的空间和实体的统一体；不满意圆形的房间，而用椭圆的取代它们。在这条道上走下去直到搞出最奇巧古怪的形状，它们实际上已经在一切建筑方法范围之外。然而，在本质上，尽管巴洛克的哲学和趣味有它的深刻的新内容，（我们早已熟悉了的运动和感情，以从未见到过的力量激励着艺术）从这个词的广义上来说，它同时代表着对伟大的古典体系的最早的严重威胁和建筑最后的空间风格。

18世纪后半叶，巴洛克之后有一个延滞时期，那时建筑的本质发生了变化。这时期演化出来了新古典主义和帝国风格，建造了一些杰出的重大建筑物，虽然并没有向世界的创造性垄沟里撒富有生机的新种子，也没有犁开新的处女地。这些风格好像忽而受到罗马的启发，忽而希腊、忽而埃及，又忽而是文艺复兴的启发，如此等等，没完没了。本质上，这已经标志着“古老的”古典体系的覆没，人类生活中最伟大的时期的没落。

对这时期的建筑所做的深思熟虑的分析将会对研究者清楚地显示出，在它身上，空间和实体问题退到后面去了，建筑师的全部工作已被纳入一个装饰体制的沟渠里去，去搞表面处理的细节和色彩。这些风格，在这段时期里很快地变化着，没有产生任何一种建筑思维体系，它们之间的区别仅仅在于装饰布局系统不同，有时甚至仅仅在于细节的不同。即使这些装饰布局系统，也不是发明的产物，不过是迁就和适应时代的东西而已。这个本质上堕落的时代的特征被当时人的陈述最恰当地描绘出来了，它们长期沉溺在古典建筑之中，却从来不认识它的真正的内容，而且他们固执于自己的偏见，把古典建筑只看作是装饰方案和细节，没有这些，甚至不能创作像样的建筑。所以，弗·贝努阿（F. Benoit）在他的论革命时期的法国艺术的文章里，引述了那时信奉的一些美学理论之后说：

“如果我们从一般的思考领域转到实际的规则上去，那么我们就能确信，如此有劲地和坚持不懈地宣传的对古代建筑的研究，已经退化到了仅仅研究柱式。被当作古代艺术的集中体现和本质的柱式，成了现代艺术的一个方便的公式。”

后来，从阐释这个保守的理论转向比较进步的理论，他说服我们道，在这两种理论之间本质上没有什么区别。他写道：

“一个没有绝对的创造性的、不大精致的艺术，可以用一个聪明的折衷主义的手法达到相对的独创性，从一切流派去采集灵感，避免不和谐，把每一个人手中所有的一切合理的或精美的东西都拿来。……因而，建筑师将用理性的眼光研究古代艺术，没有‘奴性模仿’的想法。他将只从**古代艺术**的装饰题材中借用细节，因为总的说来，它的建筑体系不适合我们现代西方的需要。”

总而言之，即使这个美学理论，它也不宣扬一个健康的创造性的复活，而只寻找药方医治最明显的伤口，并制造一个真实的艺术的幻觉。

同时，这个18世纪和它后来的那个世纪里，充满了人类历史中最重要的事件。1750至1850年之间发生了一场技术革命。蒸汽机，蒸汽动力交通工具，机械化的链铁都在这时期发明了。这之后就有了电力、涡轮技术、汽车，最后是航天术。

新建筑材料也以很快的速度出现，先是铁，后来直到有了钢筋混凝土，这是新风格观念的最有力、最牢固的前提。它们的出现仅仅是预兆，当时在建筑上还没有留下什么可以识别的印记。它仅仅说明，新的建筑材料正经历着一个高速的技术进步和完善过程，绝不可能与“古典”的建筑体系共处。它们二者之间互不需要；这当然是因为古典体系早已经完美，而且，像饱和溶液一样，再也不能吸收什么东西，而新的因素在那时候被迫独立发展，只能勉勉强强地、机械呆板地与建筑相结合。

对建筑师来说，唯一可行的自然道路是解决由变化着的生产条件所决定的新问题。帷幕在建筑师前面升起了，他面对着最有挑逗性的创作可能性，它是由改变了的生活决定的。然而，正像在中世纪时人们的注意力必须从充满了压迫、不平等和屈服的现实生活中引开，以保护粗暴的封建制度，同样，上升着的相当强大的资产阶级并不关心用人道思想影响那个制度里的权威人士。正因为中世纪的思想和感情里有关于“上帝之国”里比较好的世界的神秘主义和梦想，所以，十分自然，18世纪之末和19世纪，在从“古典的”制度中找出来的救世的旗帜下振作了精神。我们并不想在这儿为古典古代寻找什么辩护，我们只想说说一个逃避现实的强烈愿望，要用古代教条的不可穿透的盔甲把自己装裹起来的愿望。

当贵族和资产阶级还是进步而且强大的阶级的时候，帝国风格和新古典主义风格（“古典”思想的最后的天堂）采用了名副其实的风格的特征：建筑形式、家具、用具、服饰等等，所有的这些都具有共同的味道和气质，它们把自己局限在一个很小的范围里，与生活的主流隔绝。可以说，这个最后的阶段饱含着光彩和特殊的美。许多天才的建筑师出现在这个国家和欧洲，创作了许许多多美丽得出奇的杰作。但所有这些从遗传学的观点看来都是没有用处的。一个老头子不论用漂亮的衣服打扮得多么英俊，他还是生不出后代来的。帝国风格和新古典主义风格可以建立它们自己的艺术体系，但这仅仅是一个应用的体系，一个把古典古代文化中的这个那个零件拿来重新加工一下的哲学。在它们身上，既没有新的空间处理，也没有组织实体的新原理。从这个哲学里已不可能提炼出任何新的或健康的东西来，即使有最好的愿望也白搭。当然，这种情况不可能持续多久。20世纪一开始就清楚地认识到了这样的情况的反常性。这种最初的不满所导致的最早的措施是很招人讨厌的，因为这个不满仍然纯粹是“美学”的，既不打算也不能够深入到事情的要害中去。从而演化出非常庸俗的“摩登”和“颓废”的风格来，就像创作生活的表面上浮着的令人厌恶的渣滓，后来会被历史学家轻蔑地丢在一边。尽管如此，这渣滓在我们看来是多余的解说词，说明事情的这个情况：只有把这渣滓从上面撇走之后，这道菜才能吃。与这些新现象相联系的令人厌恶的渣滓的本质，在我们看来，在于它既是渴望新事物的征兆，又是过了时的古典体系开始衰败的征兆。甚至关于新的建造方法和材料的忠实表现这样的健康的思想，也是含糊的和不发达的。然而，所有这些在那时都是很难被承认的，它们反映旧事物的无能多于反映新事物的意义，导致创造了肤浅的和造作出来的形式，它们不能支持多多少少活得长久一点的希望。这些风格，并没有创造出一座有一点点意义的建筑物，很快消失了，让位给了一个自然的逆反。

战前十来年，在彼得格勒和其他俄国城市里，一群才华出众的建筑师把这个吃力不讨好的任务担当起来了。由于他们杰出的技巧、高度的文化和创造力，很多构图优美而布局妥帖的重要建筑物在相当短的时间里造起来了，甚至能够造成一个建筑繁荣的印象。然而，后来，这印象被证明是假的，对这些大师们所拥有的天才来说，事情并没有超出特种折衷主义的水平。

不到十年光景，这些建筑师开始向桑米歇利、赛利奥、帕拉第奥、斯卡莫齐乞求帮助，或者向一大群俄罗斯新古典主义者中的佼佼者乞求帮助；而且，这些建筑师，虽有很高的技巧，艺术趣味却时时满足于对典型的府邸模式的几乎惟妙惟肖的模仿，最好的情况不过是使它们适合于不同的条件。如果我们再提到这个事实，即我们所讨论的这种创作仍然以极其脱离生活现象为特色，那么，全部事情就达到一种特殊的局面。个别重要建筑物所表现出来的高超手艺、没有原则、迅速而轻浮地摇摆的理想，以及纯净了的文化意识和精炼了的艺术，都构成了风格没落的标志，一场一度高高兴兴的凯旋游行的最后一步。

在这时刻，欧洲努力追上建筑的新形式，然而并不很成功。意大利虽然最接近希腊-意大利体系的中心，却创作了一些平庸陈腐得叫人吃惊的建筑物。另一个罗马国家，法国，也干得很不成功，它企图保持具有民族特色的古典体系。北方的国家，包括英国，一般仅仅局限于发展纯粹乡土的农舍和小房子，它们的基本意义在于演进农舍建筑的构思。最后，德国以典型的德国人的笨拙，努力创造一种简朴的大型建筑的风格，把简化了的古典体系和乡土的题材融合起来。

这是19世纪和20世纪初期欧洲建筑的总情况，这幅图景相当阴沉，使得许多悲观主义者对建筑的全面没落抱着黯淡的心理。

但是，尽管欧洲广大地区上是一幅完全退坡的景象，美洲，尤其是美国，即展现了很有启发性的前景。

一个新国家，还没有时间去积累它自己的传统和艺术经验，十分自然地要向欧洲寻求帮助；欧洲，忠于它的墨守成规的古典体系理想，开始把它的产品运过大洋。然而，作为一个新兴力量的美国，不论愿望如何，它的生活不可能循着别的文化踩出来的小道走。与欧洲绝然不同的美国生活方式形成了——事务性的、有干劲的、务实的、机械的、不搞任何浪漫主义的——这些引起了平静的欧洲的惊慌和反感。然而，美国希望跟欧洲“一样好”，继续引进欧洲的美学和浪漫主义，就好像它们是久经考验的商品，好像有了“专利”。因而，在美国出现了一种情形：新的、有机的、纯粹美国的因素与“欧洲制造”的过了时的古典体系可怕地、机械地混合起来。年轻的美国胡搞出来的吓人的40层文艺复兴怪物和其他类似的瞎闹，看来已经被每个人根据它们自己的优缺点做了评价。

然而在同时，当美国的天才们放纵自己在没有欧洲的帮助下去干，当新开拓者的粗糙而朴实的、然而有潜在的生气的精神表现出来的时候，充满了前所未见的激情和力量的光辉的建筑物就以一种绝对有机的方式自然而然地创造出来了。我所想到的是美国的工业建筑物，下面将要继续谈到它们。

20世纪初年崛起的美国表现出很不一样的图景。在古典体系没落的同时，我们见到了新思想的闪光，虽然当时还不在“艺术”上，而在功利性建筑物上，它们的作用和意义超出了这些建筑物本身。

因而，“古典的”希腊-意大利一轮，以及在某种意义上的欧洲思想体系，看来是结束了，而通向真正现代建筑的道路必须超越它，这是不是意味着有几世纪之久的发展过程的欧洲建筑思想的整个复杂的道路已经是“多余无用”的了？是不是意味着我们将被迫从头开始我们的创作，在那个结束了的一轮之外和之上？

当然不是。首先，我们简直不可能这样做，就像一个人不能跳过他自己，而且在人类思想和观念的根本基础上的断然变化——因而与我们有关的创作的断然变化——在心理上是不可能的。

几个世纪以来在欧洲发展起来的空间经验体系不仅仅是现代建筑师所固有的，也是其他任何人都有的，就像文化生活中其他方面或者惯例一样。其次，我们根本不想这样做，就好像我们不想放弃过去文化中具有客观价值的任何成就一样。

还需要回答的问题是：建筑史中这个结束了的一轮的哪些方面是

有这样的价值的？整个艺术的和历史的包袱中哪些部分是我们应该不仅以不带偏见的评价，并且以一个现代的、精力充沛的人不屈不挠的毅力去追求的？

自然，这个问题与任何一种风格的因素或它们的形式特征都没有关系，而是关系到那些至今仍有力量的基本的**哲学的和建筑的深刻思想**。

有两个互相矛盾的建筑思想的源泉在争论，轮流地把我们骂到不同的风格潮流中去。

其中之一来自南方，我们已经说过，首先在希腊建筑中完满地发展。简单地说，这个发展的特点是，**空间处理的有目的的清晰性，它的形态表现是纵向延伸的形式。意大利艺术在15和16世纪设计出了集中式平面的建筑物**，它表现了界定得同样明确的空间体验，**把纵向扩展的体系与封闭的、集中的体系结合起来**，创造了复杂的、五花八门的建筑物。

在希腊和意大利文艺复兴，我们见到了**精确地把整体分解为局部又使局部和谐地互相配合，造成了内部的平衡和得体，它们是这两种建筑方式的特点**。

在这个意义上，希腊盛期和意大利文艺复兴分别代表两种风格，它们以非凡的权威性表现欧洲天才的一个特殊方面。

另一个源泉，最光辉地表现在**哥特式和巴洛克式**中，运用同样的基本形体产生了不同的特点；这特点是**偏爱动态的外形和显著的运动感，不给构思以平静的效果，而给它冲动的、不安定的悲凉之感**。

这些风格里没有有秩序的、组织得有条理的精神所带来的和谐的宁静，我们在其中碰到的是**一种冲动，它不拘泥于精确地划定了的界限，创造了完全不同的构图方法**。

这两种建筑思想体系构成了我们文化遗产的一个部分，它至今还能满足现代的需要。

哪一个对我们更情投意合？两个都一样。这就是它们的遗传学意义的源泉，对今天还有潜在价值的源泉。空间处理的**有目的的明确性**——

这不就是**现代理性主义**的源泉吗？不就是我们如此小心翼翼地精确地分析功能问题的原因吗？

动势和它的穿透力，它们不是现代艺术有冲击力的因素吗？它们不是当代建筑师最热烈地追求的特性吗？

巩固这些初看起来互相矛盾的遗产——**空间问题的有目的的明确性，被运动着的力量物质化和注入生命力的**——这些难道不构成现代创作活动的遗产吗？我们现在正带着它们进入欧洲艺术思想发展的新阶段。

不必说，表达这个新阶段的基本词汇还需要发现；它们就存在我们周围的新生活中，但我们长久以来没有打算去承认。它们把新生活和旧生活的因素融合在一起，包容着延续性法则，这法则我们在前一章里说过。

这些里程碑，当它们获得新的表达语言时，将要被一个新的经验世界丰富起来，在它的主流里，新风格注定了必将繁荣。再生的活动将如此继续下去，直到历史的一个特定时刻，那时研究人员将面对着一个有秩序的、完美的新的创作体系，它绝不会像古典的思想，而且与古典思想无关。这将是新风格实现的标志，是新风格久已盼望着的繁荣的标志。然而，所有这一切，还在遥远的将来。

3

新风格的前提条件

蒂森机械厂的冷却塔

新风格不是一下子出现的。它从人类生活的不同方面开始，它们通常是完全互不相干的。旧东西逐渐地更新；人们常常可以见到，当新世界的因素以它们粗野的新鲜性和它们出乎意料的面貌的绝对独立性征服了我们的时候，旧世界的因素，由于传统的原因而仍然同时存在着，传统比产生它们的那些思想活得长久。然而，新因素有很强的生命力，有当然的合理性，慢慢地一点一点地改变旧世界的各个方面，终于，没有什么东西阻挡得住潮流了。新风格成了一个事实，那些拒不承认这个事实的人把自己弄得彻底地、倒霉地孤立；对旧文化的忠诚改变不了这情况；世界深信它的规律性，只承认它自己。这就是它的创造力和它的胜利进军的关键。

研究者对风格的演进做这样的分析是比较容易的，而当时的人感觉到他是新世界的一部分，要去论证和辩护那个新世界却难得多了。对研究者来说，他所研究的那个时代的重要的艺术品和历史文化资料跟他有一个历史距离，已经洗刷掉了当日的偏见和亲历其事的回味。

然而，有一些情况可以使那些既是当事人又是研究者的人们在这方面容易一些，促进了这问题的解决。

都灵，安沙尔杜飞机厂全貌

世界大战和俄国革命，这些极其重大的历史事件不仅动摇了并推翻了我们祖国的，而且整个世界的基础。这些事件，由于它们的清扫作用和解放出来的巨大的精神力量，在新旧世界之间划了十分明确的一条界限；它们意义的深刻绝不下于任何其他历史转变时期中其意义已得到证实的事件；它们廓清了前景，促进了新的、更有活力的文化的形成。

世界大战和俄国革命之前的东西，在有识别力的眼睛前面，甚至成了短命的讨厌东西，现在无疑已经靠边站，它们属于过去，正走向死亡。所有这些事件，就像劈脸一巴掌，动摇了许多看起来似乎不可动摇的基础，把我们从无数常规旧例的深渊中解救出来，这些常规旧例过去排挤掉了创造性的有效能量。导致这些变化的事件的意义是，可能从历史的高度上来观察往昔的面貌了，它掀去了我们眼上的蔽障，给我们机会去对现状做仔细的评价。当前生动活泼地站在我们前面的是：一方面，有新生活的许多因素，在社会大变动之前，它们是隐匿着的，那时候我们几乎忽视了它们，但它们现在作为新世界的主要因素出现在我们眼前。另一方面，那许多神灵偶像的空洞而虚假的光辉，已经像废物垃圾一样，分崩离析了。

新文化的诞生总是由于一个新国家、新民族或者新的社会集团登上了历史舞台，在此之前，它们一直很孱弱，好像处于沉睡状态或襁褓之中，所以它们能保存它们的创造力，能够把青春的体液倾注到人类老朽的身躯中去。这些新的强有力的因素从长期消极的存在中摆脱出来，成为富有创造性的生活中的很积极的部分，它们充满了创造力，并具有演化出它们来的那个环境的特色。因而，多立安人，作为雄健有力的征服者，必然要带来许多纯属于北方的性格，这些性格由于传统的作用而保留在新的生活环境中，它们依然那样坚实，长期都有力量。

很可能，多立克式庙宇的坡顶就是这种情况的实例，它产生于比希腊居民点的气候条件要坏的地方，但它成了希腊基本风格的形式因素，直到希腊世界的最南部地区。在这同一个环境中，与重要建筑物的设计者产生的同时，也产生了它们的消费者；在这个环境中，坡屋顶已经是很受欢迎的形式因素，根本不再考虑它的结构的和功能的意义。以这种方式，一个新的创造环境产生了一些形式因素，它们的意义被扩大，被应用到更大范围的设计对象中去。坡屋顶事实上被应用到希腊所有的重要建筑物上；用在庙宇上、山门上、门廊上，虽然它已不再是生活的实际条件所必需的了。这就是着手积极创造的新环境的作用。

以完全相同的方式，在中世纪开始并延续了几个世纪的、从事商业的城市市民阶级创造新社会环境的过程，产生了必将摧毁正在腐败下去的封建秩序的创造力量。市民们全心全意关心凡俗世界，从事世间凡俗的事务和信用，充满了重新复苏的个人主义意识，这意识消灭了曾经是中世纪主心骨的神权和禁欲主义，正像多立克式屋顶逐渐在希腊世界的越来越大的地域内应用，市民的新世界观也不再局限于它们的小天地里。新思想的形成过程继续了好几个世纪，导致城市艺术和纯粹世俗建筑的发展，它们在15、16世纪达到了顶峰。十分相似，市民艺术的这些新因素越来越重要，终于被应用到这时期所有的创作表现形式中去。

转到现代化问题上来，我们可以见到新的社会因素渐渐地越来越充分地渗入到生活中，它必然要起恢复青春之力的作用，在这样的时期，这种力总是会出现在历史舞台上的。毫不奇怪，工人的住宅问题已经成了现代建筑最有特点的问题，不但在俄罗斯，在整个欧洲都如此。显然已经有了艺术的新的社会消费者。他越来越吸引建筑师的注意，而且逐渐形成新的需求和新的建筑问题，这些问题要求有不同的创造途径。我们必须考虑这个新的消费者环境的那些方面，它们具有最大的创造潜力，并且，在前述规律的威力之下，透入到创作生活的所有表现形式中去，甚至那些与这个环境之间的必然联系并不很明显的方面也是这样。

每一个历史时期，或者说每一个活跃的创造力，都有某些艺术类型作为典型代表；造型艺术的每个时期因此都有它最偏爱的样式，它最富有这时期的特征。例如，希腊古风雕刻总是正面的，有一种特殊的笑容，这些特点在希腊艺术的某个时期里不断重复着，就像文艺复兴时期一些艺术家创作的圣母像那样心地单纯。建筑的情况也完全一样。那种典型样式庙宇是最富有希腊特征的，中世纪的代表是教堂和主教堂，文艺复兴则是府邸。不过，这并不意味着只有前面提到的那些类型才表征那些时代；这只不过说，艺术家们的主要精力用来解决这些特殊的问题，而在这过程中创造出来的形式在他们的同时代人心中显得极其重要，并且趁风借势地而不是自然地扩大到创造活动的其他方面去。因而，希腊人为庙宇设计的图式就很现成地转用到当时其他的建筑类型中去。同样，占主导地位的哥特式建筑因素转用到当时的民用建筑中去（市政厅、公用大厦），而在文艺复兴时期则相反，民用建筑的形式因素趁着已经变化了的审美理想转用到了教堂身上。

劳动——工人阶级——是生活的要素，它已经挤到了生气勃勃的现代化的新社会环境的前列，它代表这环境中生活的主要内容，这环境起统一作用的象征。

（尽管还粗糙原始的）关于人类劳动价值的观念，把生活当作英雄式苦工的观念，把铁锤铁钻当作体力劳动基本工具来写的诗——这些都在近几十年某些艺术作品中出现了，有时候产生了有很高意义的范例。现在，在我们看来，自由愉快的劳动更加成了人类生存的最激动人心的方式。

我们毫不犹豫地准备把我们最好的艺术才能贡献给劳动——它的力，它的能——献给它所包容的积极生活的一切领域。

因而，发展与劳动有关的建筑物——**工人住宅和车间**——以及与它们所派生的无数问题有关的建筑物，越来越占最重要的位置，成为现代化所面临的基本任务。

根据对历史发展的分析，合乎逻辑的结论是，这些问题的意义超越了它们自己，在解决它们时所产生出来的因素将成为一个彻底全新的风格的因素。

战前很久，工人住宅问题已经被生活推上了第一线。与资本主义生产的迅速生长着的各个不同的部门相联系，不断增多的工人数量向政府和企业家提出了建造住宅的需要，这将刺激并在一定程度上保证生产所需要的劳动力。所以，现在在欧洲可以见到相当多的工人居住区。被生活推到第一线的这个问题的规模可以用很有特征意义的发展来证明。1918年，不列颠建筑师学会举办，得到政府资助的标准化工人住宅设计竞赛，有800人参加，提出了1738个方案（从质量上看，没有一个是很有意义的）。别的国家也做了很多工作，其中包括俄罗斯。莫斯科建筑学会主办的最近一次竞赛产生了许多比欧洲好的方案。不论如何，这许许多多的方案，包括已实现了的和没有实现的，它们精致的品质没有自然地反映出对新形式的爱好，而是绝对地依赖过去的文化。这是因为把住宅理解为宫殿或者独立家屋，这样处理住宅问题，便在工人住宅的风格特征上留下了印记。把工人住宅处理成独立家屋的所有方案，从美学上说，都表现了俄罗斯的独立家屋和英国的村舍，它们仅仅为了经济的理由而尽量缩小建筑面积。（我们拥有的毫无疑问地不是这种样子的工人住宅，而是经济不宽裕人们的普通住宅。）这种方案的伪善和美学上的欺骗性，以及它以难以相信的无知对19世纪大府邸做尺度的缩减，在我们将这方案与现代生活的真实表现做比较时，显得特别清楚。一幢小小的、矮矮的房子，有独立的出入口，有自己的附属小建筑物、小厨房、花园，以及其他赏心悦目的东西，都位于最多不过几十平米的地段里，这便是理想，直到现在还被热情地推荐，这不是过去多情的个人主义的资产阶级所追求的吗？

必须承认，外观上具有典型**现代**式样的工人住宅仍然是一个远远没有解决的问题。到现在为止，在这方面已经做过的一切不过是古旧文化的审美遗产。不过，即使在这些不完善的努力中，依然可以看到一些倾向，即只要它们接触新生活，它们就必定会融化到新事物中去。甚至在花园城的多情的小住宅里，我们已经看到**逐渐从陈腐过时的古典体系的形式因素解放出来的迹象**（现在已经很难找到一个有帝国风格柱子的工人住宅了），已经看到**简朴的、不加掩饰的结构以及合乎逻辑地、简洁地、合理地使用的空间**；更进一步，这些小房子总是被看作一个建筑群的一部分，独立家屋的个别方面被作为整个小区规划的一部分而选定位置，从而产生了考虑社区公共需要的思想。终于，房屋生产组织化了，标准化了。即使在这些最初的几步里，我们已经可以见到**一种集体主义精神，看到这样的建筑规模非有一种朴素的、有力的外观不可**。我们当然不明确未来的工人住宅会是什么样子，不过，可以大致不错地预测，**这种工人住宅的特点**所产生的那些特点，将是未来工人住宅的基础。

一种真正现代化的工人生活方式的形成和表现（工人生活方式过去很少变化，我们也不大能预测它的未来），将决定其他的未知之物；只有在这个过程完成之时，才可能说明白现在还模糊的观念。

如果说人类住宅，推而及于工人住宅的美学问题远远没有解决，那么，另一方面，劳动的其他要求——**车间、工厂、联合工厂、工业设施**——却无疑有了比较好的形式。自然，这种情况不难找到解释。人类生存的各种形式在它们的发展过程中几乎都是不同步的。比较敏感的因素比较快地改变，适应生活的新形式，而其他因素却顽固地坚持传统的延续性。人类的生活方式，围绕着他的日常生活却并不直接反映为生活而进行的严峻斗争的日常环境（这斗争是他的生活的最积极方面），总是非常保守的因素。家庭用具、室内陈设以及住宅整体常常保持着旧时代的形式，而战争和耕耘土地的方法及技术则比较容易发展，已经有了现代化的特点。大炮、战舰或者织布机的形式总是比人们睡觉的床的风格变化得快得多，更不用说那些已经很现代化了的条件促使机械工厂的每一件新产品在结构方面都与以前的产品不同。因而，很自然，人类住宅问题的现代化的解决方法会来得很晚，只有当关于风格的新概念非常普及，填满了人们生活的一切角落的时候，当人们新的生活方式结晶成形（这生活方式现在正顺着早已干枯了的河床古板地流动着）的时候，才会到来。

因而，为了澄清我们有兴趣的问题，就有必要先考察更直接地与劳动过程有关的其他建筑物。理所当然，作为现代生活的前哨阵地的车间——工业构造物——比工人住宅提供了更多的资料；真的，我们现在已经注意到欧洲和美洲无数极其出色的构造物，在它们身上，现代性强烈地喷涌而出，提供了十分完美的、使人吃惊的形式，毫无疑问地预告了即将来临的东西。所以，很容易理解，为什么正是这些工业构造物在我们这个风格的初始形成时期成了模范建筑物，它们向我们提供了建筑继续发展的出发点。

真的，现代工业的工厂在它们身上浓缩了新生活的一切最典型的艺术特征。一切能够从本质上推动创造性进步的东西都可以在它们身上找到：一幅与过去完全不同的、绝对清晰的现代化图画；成千条胳膊和腿的有力运动着的肌肉的轮廓；秩序井然的机器的震耳欲聋的吼声；以它们的运动连接着一切东西和一切人的飞轮的有节奏的动作；穿透光洁的玻璃和钢铁幕墙的光线；以及贵重的产品都从这个创造性的坩埚中塑造成形而出。还能有别的图画能更加清晰地反映目标明确的现代化生活方式吗？

然而，如果有人思考是什么真正给予这个形象以生命力，他就能很容易地确认，毫无疑问，这首先是**机器**。从现代工厂里把机器搬走，你就立刻见到，节奏消失了，组织消失了，劳动的一切感人之处都消失了。正是机器，是现代工厂的主要占有者和主人，它正在越出它的范围而逐渐填满了我们生活方式的所有角落，改变我们的心理和我们的审美，它是影响我们的形式观念的最重要的因素。由于这个原因，我们将要大大细致地分析它的性质和特点。

任何一个文化水平相当高的社会的基本方面，决定性地影响着人类活动的一切形式因而也影响艺术的，是它的诸生产力的性质和相互关系。因而，特定时期中运作着的生产手段在我们看来有特别的重要性和意义。从石头武器转进到铁武器，对人类活动的所有领域，包括艺术在内，有很大的作用和后果，这已是毫无疑问的了；对现代的美术史家来说，同样明白的是上古埃及造型艺术的千篇一律的风格决定于当时埃及人所掌握的对石头的加工方法。然而，美术研究者完全忽视了作为新而有力的生产手段的机器的出现和传播所引起的人们生活的最大的激变。好像到了现代，就可以改变人类社会中一向清晰可见的因果关系！好像可以想象技术中这个高度可感的变化可以与艺术——尤其是建筑——的发展没有关系，不论现代美术史家和艺术家是否需要它。

机器是人类的才能创造性在人类为物质福利和纯粹的功利需要而斗争中的产物，现在已经成了我们生活的一部分。即使在它出现和传播时恰好“功利”被认为与“审美”针锋相对，并且有害于后者，机器和它所产生的形式在我们的艺术世界的前景中所起的作用仍然是完全自然的。要说我们所知的机器过去曾是现实世界中陈腐和粗俗的最高峰，它的不幸的宿命，为有高度艺术修养的人们所谨慎地避免的东西，那是不错的。机器和与它相联系的工程结构物过去被认为是艺术品的对立面，尤其是建筑的对立面，正像“营造者”这个称号被用来作为“建筑师”的对立面一样。在工程与建筑之间过去有一个不能搭桥的鸿沟；建筑师和工程师互相敌视，总是互不了解。

我们大家都还记得对乘坐公共马车和轻便驿车做诗意盎然的旅行所发出的情意绵绵的抱怨，记得我们在看到划破阿尔卑斯山和比利牛斯山原始风光的铁路和索道时所体验到的真心的厌恶，还记得现代桥梁和工业厂房的光秃秃的轮廓搞乱了市镇建筑群时我们感到的深深的失望。总而言之，我们反对现代化；如果艺术家有能力掌握命运的话，他当然会毫不犹豫地抓住一切机会去制止机器的破坏性的侵略。

现在，所有这些看来都已经很过时、很幼稚了。机器完全不理睬艺术家堆在它身上的咒骂，继续向前挺进。年复一年，它的数量稳定上升。它将要渗入到我们生活方式的所有毛孔里去，渗入到我们的生命，并肯定地瓦解我们全部审美系统。机器不满足于切断山脉、峡谷和森林，不满足于制服城市景观，从街上开进建筑物里面，机器无远弗届，直至到达被上帝抛弃了的最堕落的角落。最后，它以玷污湛蓝的天空而犯了极端亵渎神圣的罪过，天空在那之前是从来没有被扰乱过的、只有诗人才能进去的领域。对审美家来说，这情况不可容忍，是一件非常严重的事。不要多久，就会没有什么地方没有机器；事情的自然进程预见到它的不断的进步，因而它最终必将被以各种方式承认。如果把关于机器的思索都抛到一边，与人类的艺术活动完全隔离，那么，就会有脱离一般生活，老在界限外绕弯子的危险。因为艺术，尤其是建筑，天生地不能脱离经济和技术而存在，就像不能脱离自然景观、生活方式和人类心理一样。

机器导致工程构筑物和工厂的诞生；它们在一起形成了城市的新特点。机械化时代的建筑物能够不顾任何关于创造和风格的规律，不顾从艺术史中分析所得的任何结论而仍然保持古老的谜吗？当然不能！实际上，艺术家们对待机器的态度是不断地在变化的。大致可以把这个过程划为三个时期。

第一个时期，从机器和工程构筑物初次出现时起，对生活的新形式充满了仇恨和审美上的反感。如果艺术家接触它们，他这样的仇恨和反感只会通过玩弄他的艺术技巧掩盖和伪装生活的新面貌。那个时期里，工厂还按帝国风格建造，桥梁的桁梁还按文艺复兴的式样装饰。

第二个时期在战前不久，那时机器和机器所引起的新的生活方式已经开始吸引较多的注意，人们已经隐隐约约感觉到了这个新生活的意义。这时期里建筑师的工作分裂为两个领域：建筑师不再太有胆量用传统形式去歪曲工业构筑物的工程面貌；但在公共建筑和居住建筑领域，他补偿了那些损失。许多杰出的桥梁、工厂和各种各样的机器出现了，独立于“艺术”之外，虽然已经有许多人意识到了它们的自足的完美。奇妙惊人的机器开始激发起敬畏之忱，这种敬畏之忱的性质谨慎地表现出来，远远不同于早期的敌意。

最后是现在，战争和革命大开了我们的眼界，对旧观念的重新估价已经习以为常，我们进入了第三个时期，这时期里机器在我们生活中起了完全不同的作用。我们很快就要有一个已经清晰地形成了的纯粹现代化的对形式的理解。第二个时期的两分天下必然会消失，而我们将有勇气把最终的建筑理想作为我们的任务——创造一个真正和谐的艺术，和谐地建造起来的生活的整体，在这整体中，所有的东西都饱含着真正现代化的节奏。**机器，我们起初咒骂它并企图把它跟艺术隔绝，现在它能够教会我们去建立这个新生活。**

我们谈论的是什么样的整体呢？这是美国化了的世界大都会的整体，还是俄罗斯外省和乡村的宁静风光的整体？后者的生活方式还停留在18世纪。

我们坚持认为必须建设振奋人心的现代化城市，而不是那些被生活遗弃了的我们故国的穷乡僻野。这是对的吗？当然是对的，因为确定过程的性质和方向以便知道向哪儿行动是十分重要的。如果某些不变的关于生长的有机规律已经被广泛接受，那么，与其去妨碍它们，不如去适应它们、掌握它们更加合理得多。

不管我们自己爱好什么，生活或迟或早都会要求我们甚至给农村供应电能，供应各种各样的机器，在它平静的田野里点缀上拖拉机，用起重机活泼它的地平线。这情况必将发生，这已经是不容置辩的了，没有人能否认；结果，即使在建设乡村时，我们也有非常重大的理由去追求一个虽然目前还没有存在，但在不久的未来不可避免的统一体，而不去仿效18世纪的风格。自然，城乡生活的差别、地区间的差别、位置间的差别都将反映在建筑中，都将给它以特殊的面貌，都将区别一个个不同的民族。但这些差别，虽然有本质的意义，我们现在不去讨论它。我们目前不能去讨论特殊的细节，而要讨论在欧洲和美洲、在喧闹的城市和安静的外省都能综合地发现的一般的和决定性的东西，它们无差别地服从于同样的不可避免的发展规律。毫不奇怪，我们当前讨论的统一体是欧洲和美洲最大的现代城市的统一体。

跟现代技术和经济的一致化力量相比，当前地方的和民族的特征太微不足道了。

4

机器

机器的静力和动力特点对现代艺术的影响

机器和传送带

作为一个独立的机体，机器的基本特征之一是它的非常精密、非常明确的组织。事实上，在自然界或者在人类的作品中，很难找到组织得更加有条不紊的现象了。在机器里，所有的部分和构件在整体中都占有特定的位置、地位和作用，都是绝对必需的。在机器中，没有也不可能有任何多余的、偶然的或者“装饰的”东西，而这些却习以为常地加之于住宅。加一点东西进去或者拿走一点，都会毁坏机器的整体。我们在机器中见到的，本质的和首要的，是和谐的创造理想的最清楚的表现，这理想是在很久以前首先由意大利理论家阿尔伯蒂提出来的。

机器向制造者要求非常精确地表现构思，要求一个可以清晰地辨认的目标，要求一种把图式分解成以不可摧毁的互相依存的链条联系起来的个别因素的能力。这些因素组成一个独立的机体，清清楚楚地表明它的功能。它为这功能而造，它的一切外观形式都服从于这功能。

像在人类活动的其他领域里一样，机器首先迫使我们倾向创造工作中的极端的组织性，并倾向于清晰地、精确地形成一个创作思想。

安沙尔杜工厂制造的飞机

然而，考虑到机器的每个部件的意义都在于既有特殊需要的功能又有一般需要的功能，这些需要又随着机器的一个方面的改变而变化，而这种改变又是无穷多的，所以，制造者必须始终是一个创造者，为每一台机器发明它自己的部件和装配它们的图式——简单地说，它自己特殊和谐的原则。因而，在我们心中引发出追求纯粹和谐活动的冲动的机器，向这个活动灌输变化和发明，从而使它避免僵化成教条。这是和谐创造性工作的一个方面，它的原则，对每个机体都是精确的和不可改变的，但施用到别的机体上去却失去了力量，别的机体须要积极地创造它自己的和谐的新图式。

我们不难相信，从创造性的印象主义转变为一个清晰而精确的结构，代表着对一个有根有据地假设的问题的确切回答，是一个现在越来越普通的人类活动的形式。

日复一日，科学的进步在它清楚而审慎的活动中获得成果，这成果已经取代了五花八门多种多样的唯心主义的模糊性。

以完全同样的方式，具有"莫测高深的"动力的艺术家的"神秘的"任务必须有更加坚定和审慎的基础。艺术家必须从云雾缭绕的奥林比斯山峰上下到粗俗的真实世界中来，跟手艺人接近，因为他们总是面对着确定的、清楚的问题。真正的艺术家将重新向机器学习把他的思想分解成个别因素的艺术，把它们根据不可冒犯的必要性原则结合在一起，并为它们找到一个密切的相适应的形式。代替偶然的、印象派的冲动。艺术家应该发展一种能力，在各个艺术领域和各种材料的可能的范围内实现和加强他的意图——一种发现他的想法的确切限度的能力。在所有这些把创作从虚假的、夸大的高处拉下到有机的感性原则的领域中来的努力中，包含着这种朝气蓬勃的、振奋人心的能力的前途。它与单调的、生活的日常表现形式的平凡性的交会，代表着艺术的真正的现实，代表着它的形式语言的具体性，这将使现代艺术能够逃脱威胁着它的巨大的危险——抽象化。

从机器的有序组织中发射出许多其他类似的性质来。实际上，由于建造者的目标在概念上是清晰的，所以，理所当然，在寻找到与必要的构件相适应的材料之前，在这个构件获得最简洁的表现之前，在它的形式采用一种保证它在组合起来的整体系统中最经济地运动的外貌之前，创作活动不会停止。因而，探索最适合于设计功能的那种材料，探索每个节点、活塞或者瓣膜的形式直到找到了最简单、最完善的结果。这样，在机器的影响之下，**在我们心中锻造出了关于美和完美的概念，即，它们是一些性质，最适合于所用材料的特性，适合于为实现一个特定目的的最经济的使用，这就是说，最浓缩的形式，最清楚的运动**。

这就构成了一个关于创造性的完全的哲学系统，它的结果是，不再可以对建筑师手头所用的材料漠不关心了，不再能把19世纪的“抹灰”风格永恒化了，这种风格用灰浆来模仿各种各样的材料。被机器弄得比较聪明了一点的建筑师，面对着选择材料的复杂问题。但如果没有这种选择的话，那么，匹配原有材料的问题更加困难。后者的合理组织是建筑师最重要的任务。现代建筑师将不用灰浆覆盖一种材料，而是要尽可能清晰和直率地裸现它，开发和加强它的优点。由于现代风格的语言的通俗化，它将会出现多种多样的变化，例如木材的或混凝土的风格，钢铁和玻璃的风格，钢筋混凝土的风格；因为建筑师的任务，就像机器制造者的任务一样，不在于武断地即席创作，而是合理地组织他手边可用的材料。在这个工作中，小心谨慎地节约材料的能，将是理所当然的。因为建筑师组织能的全部目的在于合理地利用材料所做的“功”。因此，“不做功”的材料，在各种意义上都不起功能作用的材料，是没有用处的、多余的，因而必须去掉。以这种方法，在一切部分之间将依据恰当材料的功能，它们的作用和它们有效的能力，建立起相互联系，如支承体、承重的和不承重的构件。和谐不应该得自一个由一些材料造成的没有生命的图式，而应该得自一种特定材料的各方面的和谐组合。十分自然，钢铁将主宰某一类型的和谐；石头主宰另一类；钢筋混凝土又是全然不同的另一类。19世纪所喜爱的用柱子装饰起来的内墙的虚假的、戏剧化的雄伟性将被淘汰，代替的是，形式与材料的内在有机生命交感的、共鸣的相似。

最后，这后一种性质将产生一种高度浓缩了的形式，绝不啰唆的。其实，经济地使用一种材料就排除了任何掩盖它的潜能的机会。建筑物的内在力量将会在外表上表现出来。建筑物内部的静力和动力的作用将清晰可见。

过去被认为是艺术口味的代表的——残缺美，片断美，形式的某种模糊性——目前当然就另有评价了。我们要求绝对完整的、明确的、高度浓缩的形式。以前文化的特征是爱好手工制造的一切（有时候情况达到极端，如俄罗斯式的建筑物，每一个部件的外形都是歪歪扭扭不规矩的）。这是因为害怕一切肯定的、按照一个精确的模式制造的东西。当前，现代建筑师不拒绝用机械化方式制造所有必需的承重构件了。我们丝毫也不害怕生产过程的标准化了。建筑师应该接受和组织技术所能提供的一切东西，因为他的目标既不需要无休止地探索自足的形式，也不需要由富有灵感的双手制造的模糊性，**所需要的是明白地认清他的问题，以及解决问题的手段和方法**。机器也可以教会我们下述的东西。

因为机器上的一切都推敲到每一个毫米，以致材料的质地，它们的表面处理——粗糙的还是光滑的，有色的还是无色的——等问题跟创造它的各种问题中的最基本的问题几乎同样重要；这当然就提高了那些过去不大引起我们注意的问题的重要性。**关于制造和加工材料的问题**，因而放到了注意的焦点，变得非常重要，成为艺术家的首要工具。所以毫不奇怪，某个时期里绘画偏爱无标题的静物，它们唯一的内容是木材、钢铁、纸张等诸如此类东西的不同的表面质感。

无疑，形式因素的制造加工问题必定会在建筑的发展中起极其重要的作用，它们确定了艺术中手工操作的条件；它们迫使艺术家走出工作室，更直接、更密切地参加到建筑物的创作中去，去挑选材料，决定墙面的处理方式，或者挑选代表这个创造性作品的整个有序组织的自然高潮的因素。

慕尼黑，克劳斯工厂制造的火车头

前面所说的部分中，我们把注意力集中到机器的纯粹静力特点，并且满足于看到机器的本质绝不与人们的美的观念的发展冲突，而是推动他们进入这个发展的确定而清楚的过程。现在，让我们转向考察机器的其他性质，它的动力方面，这方面对现代审美的发展具有极大的意义。

关于运动的观念几乎总是在艺术家的创作欲望中起看不见的作用，总是一个潜在创造力，稀释在各种形式中。只有通过运动的观念，一个建筑物的意义，它的架构和构件，才能表现出来。在一个活的有机体中，只有向特定方向的运动——胳膊和腿的运动，视线和人类声音的运动——才能在我们的心中描绘出这个有机体的意义。由于运动，我们可以识别一个人的主要的和次要的方面以及人体发展的有机的意义。

以完全相同的方式，抛开任何功利的或结构的问题，抛开建筑师的愿望和意图，我们可以在每一个重要建筑物中，在它最朴素的设计中，感觉到存在着某种内在的动力系统。确实，仅仅从外表形式着眼，仍然有可能议论建筑的有序组织，这是因为在重要建筑物中存在着纯粹的韵律造型，它提供了译解一种特殊的构图方法的钥匙，最稳定最静态的建筑作品的构图本质只能看作是各种水平的、垂直的以及倾斜的力的运动的函数。静止状态的观念本身简单地表示一种运动的平衡状态，这是互相对立、互相破坏的构图力量间的均势的结果。希腊早期的艺术和意大利文艺复兴的黄金时期的艺术都应该如此理解。如果在这些艺术作品中根本没有使用过这个运动标准，那仅仅是因为这些作品代表一个运动着的力的自足的世界，它们的合力不但后来没有扩张出作品特定的边界，也从来没有决定过任何运动的方向；在这情况下合力等于零。

与争取这样的平衡的艺术同时，人类也倾向于争取其他的理想——即争取对运动的更清晰的表达。

在雄伟的纪念性艺术中，这表现在倾向水平力，它在建筑中基本上起稳定作用。即使如此，我们也已经讨论过水平方向的运动倾向，其结果是平衡破坏。垂直的力一般说来是动态性的最活跃的泉源；在那些例子中，这些力获得了它们最大的发展，我们见到了运动的最易于感知的意义。

这就是哥特式艺术的性质，现在很容易把它理解为激烈的、紧张的向上奋进的活动。对侧推力和它的运动特点的强调在哥特艺术的垂直架构里远不如向上运动的升腾之力那么重要，这向上的力表现在从墩子开始，到尖塔和十字架结束的逐渐的非物质化过程。

以完全相同的方式，有张有弛的动力的原理，虽然特点略有不同，提供了译解绘画式风格[①]的动态起源的钥匙；最好的例子是巴洛克。

任何一个重要巴洛克建筑物中的运动常常分裂成许许多多个别的或张或弛的力；这些力也许是对角线方向的（涡卷；牛腿；三角形的、不完整的和断开的山尖；等等），或者垂直的与水平的，但它们的紧张性格主要是由它们的浮雕、线脚、明暗对比等表现出来的（从壁柱变为倚柱、变为独立柱体现了垂直的力，由曲折的檐口投下重叠的影子体现了水平的力）。

然而即使在这个绘画式的艺术中，每一对这种力都在紧张和平衡之间达到了一种均势。在它里面，通常是在它发展的最高点，有一条轴线，它或者事实上存在着，或者可以由我们觉察。换一句话说，在每一对力中，都有一个确定的平衡，或者有一种平衡的倾向，就像在一对包

① Picturesque，以复杂的轮廓、堆砌的装饰来追求与建筑本质无关的艺术趣味。

容它们的合力之间一样。从而，综合全部历史建筑的特征是**在重要建筑物内部以各种方式达到均势的运动**，这运动即使为某些力的初始发展做准备，也一样允许**形成它们的合力，它的运动轴线总是在建筑物内部，大多数在它的中心核里**。这已经考虑到了对称形式的本质存在，如果不在整体轮廓里，至少在个别的集组里。

构图中轴线的存在导致一个均衡的、匀称的构图。

在这一点上，为了穷究我们艺术的历史遗产中的动力内容，我们必须提到韵律的最纯粹的起源，这起源表现在用柱廊围起来的方或圆之中，有时在它们的纵向发展之中。然而，即使这些例子也基本上没有脱出上面的框子。其实，这样的方和圆有一个穿过方和圆的中心的构图轴线，而柱廊中可见的纵向运动，在第一个实例中，由**运动方向的中间性来鉴别**；这个运动，虽然大体勾画得很清楚，基本上是**中性的**。它既可以从左向右看，也可以从右向左看，顺时针看也行，逆时针也行。

让我们再一次回过来看看机器。它的精髓在于运动。任何一架机器，如果不是有足够的运动能力的话，就会是个废物。机器的整体构思，由制造者发展出来的整体创造性组合，从总体到最小的细部，都是在争取最好地表现和体现运动的思想。充分掌握运动，成为它的真正主人，用它来打穿地球的硬壳和穿过鲜亮碧蓝的太空——为了解决这个问题，全世界所有的创造力都撞到一起来了，成功地征服了一个又一个。机器是这场征服的源泉、方法和手段。

机器的运动是以我们认为非常重要的特点为特征的，那特点从它的基本性质中生长出来。正如我们已经注意到了的，机器的有序组织总是要求绝对个别的答案，只有一个答案可以解释它，它的特点同样也是一个明白地识别了的、精确地勾画了的动力问题的结果。特定的机器是向**特定方向**所做的运动的结果，是特定的性质和目的的结果。因而，作为识别机器的动力性质的特征而出现的东西，是积极地表现出来的、特征性的**运动方向**，实际上它的改变会破坏机器的构思。我们所认为的机器，总是我们目所能见的向一个方向运动或被运动的力。因而，比方

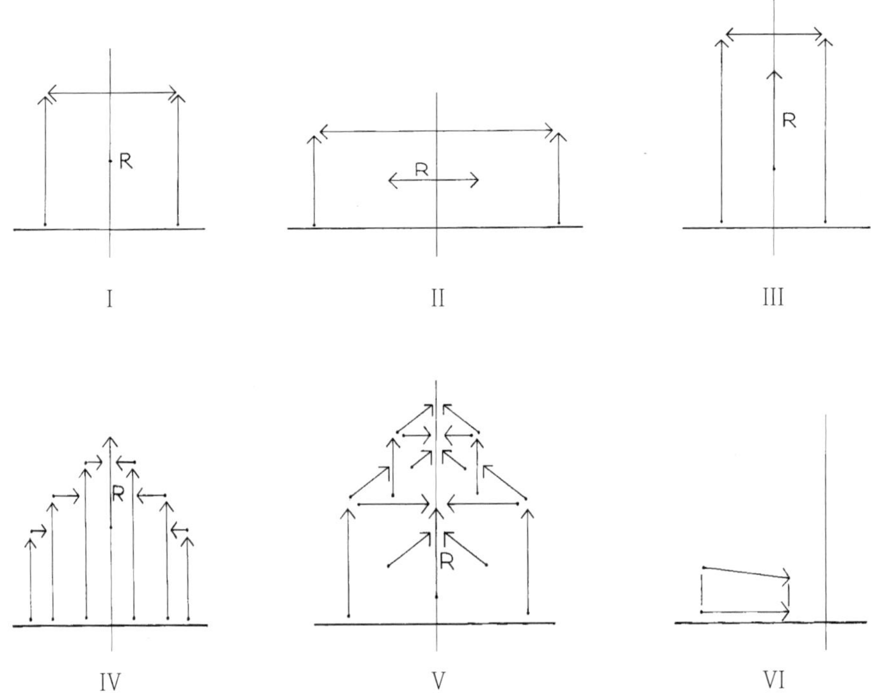

说，任何火车头、汽车或者自动机车是从它的运动方向获得意义并实现这意义的。火车头的组合，它的个别零件的布置——烟囱、轮子、锅炉、煤水车——都不仅是特定运动的函数，而且是这运动的特定方向的函数。对我们来说，停着的火车头仍然饱含着同样的表现力，因为它的组合方式是完全的而且最终地确立了它的动态目标。凝视着一个静止的火车头，我们一下子就能抓住它的动态目标，因为它的组合方式把这动态目标表现出来了。虽然也可以向相反方向运动，但我们总是把它看作反常的、非正规的运动，它破坏了机器的意义。因而，倒退着的汽车不仅使人感到靠不住，而且，照我们的观念，违犯了它的审美的正统性。由于机器的运动**完全地**决定于它的结构，它的机体的本质，因而我们就比较容易看出这运动的**轴线**，那条作为机器的合力的目标的想象的线。我们心中认为特别重要、特别有意义的东西，是**这运动的轴线几乎总是**

在机器之外；否则，它就不能向前运动。所以，我们总是看到汽车运动的理想轴线是这运动的目标，是一条想象中的线，在汽车前面延伸，总是跟汽车本身同时运动，这轴线代表着组合的轴线，这机器的整个构思就是围绕着它而建立起来的。在机器的运转不是目的而仅仅是手段的情况下——例如，各种不同的做离心运动的机器——后来运动的目的自然能在向前运动中找到，离心运动仅仅为它提供手段。因此一台离心机把皮带和滑轮向前运动，显然，这机器的组合是服从于这个运动的，这是它的目标和意义，所以，一台机器的任何运动的本质都不是在它自身中的、它自身所有的自足的运动，而是一个**在一条轴线的方向上做功的运动，这轴线位于这运动之前，代表着一个理想的、不可实现的目标**，因为一旦实现就会导致平衡，而平衡将取消机器运转的积极状态。

一台机器，前面所说的各方面在它身上都不很明显的话，可能在某个时候把它们表现在与机器相接触的不大的运动之中——沿它的长度滑动的滑轮，挤进或嵌进它的什么东西。这当然并不改变事情的实质。

对机器中这种运动的分析揭示了它的一个新的方面。因为运动是沿着在机器之外的轴线的方向发生的，有到达轴线的可能性，这轴线是机器的目的，因而这运动产生了某种**不能实现性，一种不可能倾向**，一种张力，它特定的性质完全在新机体的观念的根子上。真的，正像巴洛克的最强烈的特色存在于那些揭示出运动的明显的不可实现性的因素上（例如，不能到达位于它们中部断折的、开口的檐口，或者分散的却努力以它们的轴线联系起来的构件），所有体现在纯粹现代机体的张力中的力量和动势都来自动力趋势的不完全和永远的不可能，这条件尖锐地被这个事实强调，即运动的轴线不是在总组合之外就是在它的最外圈界限之内。从而，机器引起了一个关于全新的、现代的机体的概念，这机体是很明确地表现出具有运动的特性——**它的张力和强度，以及它很机智地表现出来的方向**。这两个特征产生了新形式的概念，依靠它，这运动所固有的张力和集中将不顾作者自己的意愿而不知不觉地成为艺术构思的基本契机之一。

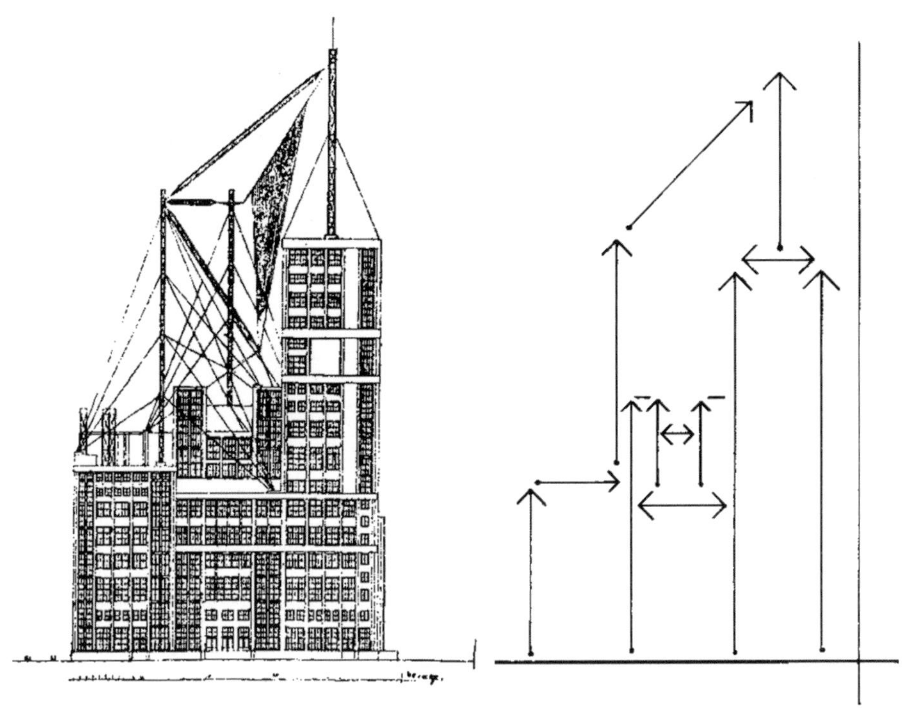

维斯宁兄弟设计的劳动宫

我们的讨论的全部机锋的另一个结果是得到了机器的一个新定义并由此得到了新形式。对各个不同历史风格的重要建筑物的内部运动所做的考察说明，它们内部的运动轴线总是与建筑物的总轮廓的对称轴线重合的；很常见的是，这些重要建筑物甚至代表着一些对称轴线和运动轴线的组合。自然，在机器里不能有这样的现象，机器的运动轴线常常在（或者努力争取在）机器之外。在机器上，匀称问题是个次要的问题，不服从于主要的构图思想。从而，我们碰到机器强加于我们的最后的结论——即**对现代建筑师的观念来说，搞出一个不对称的，或者仅仅只有一条对称轴线（这轴线服从于运动的主轴线却并不与它重合）的形式，是可能的、自然的。**

5

建筑中的结构与形式结构主义

塔特林设计的第三国际塔楼方案

分析了机器的特征之后，我们就有可能对目前正在流行的“结构主义”理论提出一个客观的评价了。

这个词的实际意义对我们并不新，尤其是用于建筑。在建筑里，结构总在形式的构成中起极其重要的作用，它决定隔离空间的物质外壳，从而决定建筑空间系统的特点。

在绝大多数实例中，建筑的真实意义首先是从它的结构方式认识的；建筑的基本问题是用物质外壳限定空间的边界，它要求建造出起结构作用的要素来。

最原始的建筑物，（英国的）石屋，大概就是这样造出来的，它的目标是把梁和柱这些最基本的结构要素组合起来。

不过，对重要的建筑物仅仅做如此肤浅的理解就会是一个严重的错误。随着造房子的经验逐渐增长，人也为跟这些结构物相联系的自足的世界发展出一个复杂的系统。现代心理学确定，形式的各种要素（线、面、体），它们自己，尤其是当它们以各种方式组合起来的时候，会在我们心里引起满意或者不满意的感觉，就像某些色彩和声音一样。

美国布法罗的谷仓塔

在那些需要研究理论才能懂得的力学规律之外，每个人都还有他自己的纯粹凭直觉领会的规律。根据它们，一根跟它的长度和荷载相比显得太细的柱子，无须论证或者计算，就能使人觉得不快：它使我们对建筑物的牢固感到担心，没有把握，从而引起纯粹生理性的不舒服之感。根据我们的感性经验，动力学和静力学的数学规律在有机世界中被激活成了有生命的力量；因此，从人迈出第一步那时候起，形式就在不知不觉中施加影响，这影响逐渐地更清楚、更明显、更具体。

由于我们脑子的联想能力，建筑物的结构也获得了某种不同的、自足的意义；而由于一种特殊的、被称为“原动式（Motor Kind）”的联想，人们在这个被激活了的结构中寻求运动的因素，它导致了形式的发展，在我们对形式的考察过程中有它的反映。仅仅由于它们惰性的存在而影响我们的没有生命的形式，以经过一定安排的个别因素的空间系列为基础，在我们的记忆中积累了同样形象的一个明显的等级表，从而在我们的意识中作为普遍运动中的片断而获得了不同的生命。这些初步的原动式联想后面还跟着一些其他的联想。在建筑形式中表现出来的特定规则性的韵律也是一种运动，这种运动对我们来说不是一个中性的存在：它归结为两个基本因素——垂直的和水平的，它们相互竞争或斗争。

一个形式的生命饱含着不安的躁动，这是结构要素的微观世界中两个要素之间真正的冲突——无边的、安定的水平态和生动的、莽撞的垂直态。

结构图式对我们来说成了真正的奇观，我们双眼在其中不停地盯着这场斗争的结果。结构因此超越了它自己；结构的力量跟人的内在世界的经验相联合创造了一个**有机的形式世界**，把它变成一种熟悉的、可以深入理解的现象；跟宇宙的静态规律和动态规律的相似把这个有机世界转化成了一个外部形式的世界，它的冲击力与大自然的强大力量往往相等。如此这般，这个**结构系统**，由于我们的感性经验和人类心理的特点，**引起了另一种系统的产生，它是自足的**，同时来自形式世界的结构，并依赖它，或者更恰当地说，它是一个**审美的**系统。在我们考察的这个实例中，结构系统跟审美系统是完全一致的。同一个要素，既是结构的功能性要素同时也是形式的审美要素。

但是人们并不停留在这个方针路线上，一旦他学会了去看结构因素之外的另一个世界，一旦他认识到了它独立的意义，他自然就会希望发展和丰富它。希腊建筑已经呈献了一个重要的这类的精致作品。直到公元前8、公元前7世纪时，古风的希腊庙宇看来极可能是用木材建造的。它的原始系统纯粹是结构的，表现着垂直支柱、水平梁、倾斜的椽和拉杆等的必须的组合。现存重建的木质多立克柱式庙宇提供了关于构成庙宇不同结构面貌的形式因素起源的极有说服力的解释。对我们来说，这些都是次要的；重要的是那个人的努力，那个认识到了结构力量的意义和自我超越的滋味的人的努力，**他开始去加重和强调结构力量的作用**。一旦结构因素成了形式因素，人就希望使与结构相联系的生命显得尽可能地活跃。如果我们能够重建不可避免地失去了的木质多立克庙宇，恢复它在转变为石质的之前的样子，我们极可能见到建筑师是如何充分地、强调地显示柱、梁的静力系统的。我们将会见到真正存在着的结构世界，见到一个清晰地、图解式地阐释了的内力系统。其实，柱身下粗上细、有垂直凹槽强调它的功能，柱头用横线条表现出**它作为垫木的作用，就像庙宇的其余部分一样，体现着对有机的结构生命的阐释。**

但那以后希腊建筑师从木质庙宇转变到石质庙宇。那时候，**阐释结构的系统**非常牢固地树立在建筑师的头脑中，以致已经变成了一个**自足的独立的系统**；当第一批石质庙宇出现时，这个**阐释就转变成了一个临摹本了**，一个只由于传统而存在于我们记忆中的已经不存在的生命的临摹本。毫不奇怪，柱头、三陇板等已经成了纯粹审美的构件，它们与结构的有机联系的破坏，可以由把石材的伤裂漫不经心地放在构件中央或者使构件中央变细看出来。只有到了公元前5世纪，希腊建筑才又重新开始了一个可以称为有机的时期；结构重新压倒了形式，而形式服从结构。同时，可以在结构构件——起结构作用的构件——之外，看出仅仅由于功能需要而产生的构件。例如，山墙上的斜线是椽子、斜撑等在庙宇机体中起结构作用的构件，而山墙的三角形的填充则仅仅是不起结构作用的、封闭庙宇空间的手段，建筑师需要具备分辨各种外形的能力；自然地，当他致力于生动地阐释或者表演重大建筑物的有机生命时，他发展了对待它们的另一种态度。

当一个建筑师要强调起结构作用的构件时，他只要把不起结构作用的构件装饰起来就行了，建筑师的活动的这两个方面，在那些结构构件只能用一种特定的方式处理的时候，在它的审美组合成为一个极其干脆明确的问题，而这问题的解答取决于所给的条件，取决于对这些条件的清楚的理解的时候，能够清楚地显示出来。非结构性构件允许有大得多的自由；就像希腊庙宇的三角形山墙，它只限于一定的范围，在这范围里，建筑师可以自由地让雕刻家和画家发挥。然而，就在我们已经考察过的公元前5世纪希腊艺术的有机时期，甚至这个装饰也是取决于整个的系统，而与形式之外的（extra-formal）内容无关。这种装饰只要在构图上服从于组织宇庙空间的总计划就行了。

然而，正如（英国古代的）石栏**不仅仅是一个结构系统，而且也是一个生动活泼的有机世界，公元前5世纪希腊庙宇的艺术不仅表现着一个起结构作用的构件的有机的临摹本，而且也表现一个独立的“装饰”因素的子系统**。

哥特式建筑是无数历史风格中最结构化的，但它却是令人信服的例子，说明结束“结构”开始“装饰”的那个界限的难以捉摸。真的，所有的哥特式建筑都是赤裸裸的无遮无盖的结构系统：墩子、从墩子上射出来的拱，明显地起着“作用”的飞券。这已经不是一个结构物的夸张或者摹本，而是一个地地道道的、有说服力的、理性的结构生命。哥特艺术家们对装饰的强烈感情，在建筑中比较起来受到很强的约束，表现在彩色玻璃窗上、柱头的少量植物性题材上、檐溜的雕刻上和玫瑰窗上。

诺尔维尔特所作的蚀刻画“现代城”

然而，极其容易通过这个结构风格探察到安排支柱行列的生动的节奏系统，以及使飞券和檐溜像树林一样刺穿湛蓝的天空那种精巧的装饰才干。

那么这是什么呢？是一个结构的、理性的系统，还是一个神秘的装饰家的冲动的幻想？当然，二者都是。在这个例子里我们可得到的教益是：纯美学观念是很稳定的。它使建筑的内容既成了结构系统又成了非功利性的装饰性，取决于当时的生活状态和在艺术上很活跃的以某种形式参与了重大建筑物创造的社会集团的心理，或者换句话说，取决于时代的建筑思潮的独特内容。

但第一步之后总有第二步。一旦承认装饰构件具有一定的独立性，这独立性就会继续向前发展。这样，装饰的冲动又一次发展得超出了它自己，转变成为一个组织表面和空间的新系统。有时候它甚至不再依赖于建筑的总系统，而产生了它自己的常常是相反的法则。在“起作用的”和“不起作用的”构件之间的差别消失了，我们几乎可以在每一种风格的发展中，而且常常在完全独立的风格中，见到已经变为纯装饰的形式如何与结构发生矛盾，达到了完全成熟的斗争的水平。在这一点上，装饰作为目的，成了一个设计的唯一理由，企图去寻找其他的目的是注定要徒劳无功的。一般说来，伟大的巴洛克风格就是这样的，它高高兴兴地把它的形象贡献给完全在结构力范围之外的绘画式问题。

然而，历史学家既不能支持也不能谴责这些风格。他必须照它这样的面貌来承认它；最近关于巴洛克风格的研究说明，它是一个有成果的、光辉的和（照它自己方式的）合理的世界的整体，这世界以最紧密的方式与当时物质和精神文化的一切方面息息相关。

结构方面和装饰方面经常被认为是互相排斥的，好像是建筑形式发展中的两极。然而，在两者之间做明确的划分却是十分困难的。我们已经见到，一个纯粹的结构形式有能力超越它自己，给我们以绝对非功利性的审美的快乐；同样，装饰形式有它自己的规律，而这些规律却常常与结构规律相符合。这两方面都是一个更大的、更普遍化的审美观念的局部。墙上一个极端简单、实用和结构性的窗子，如果建筑师推敲了它各边和谐的比例以及它在墙上的韵律，那么，它跟一个堆满了装饰、压得喘不过气来的窗子，在原则上说明同一类审美问题；它们之间的区别仅仅在于建筑师采取的态度不同，在于建筑师的创作心理和审美感情的特点不同。

造一排柱子去支承一条梁是一个纯粹的结构问题；同时，如果建筑师考虑到排列柱子的特殊节奏，问题就立即转化为纯粹审美的了。给柱子上油漆是保护它们不受酷烈气候伤害的方法，但只要建筑师一考虑它的色彩组合，那么，这就是个装饰问题了。简单的建筑感觉的微差就是这样纠缠在一起，硬要去给它们划清界限就是勉强的了。

在把所有这些论点普遍化的时候，我们应该承认被吸收进它们不同方面的审美感情的范围是很广泛的。然而它们都有生命力，因为它们全都是人性的。我们不知道是什么感情支配着原始人建造他的石屋：这是人们的住所和遮风挡雨的防护物的雏形吗？是他的建造技能的表现，或者在一个有目的的运用中的实现吗？或者是对最早的空间组织，对最早的审美形式的创造的毫无功利之心的喜悦？也许，所有这几种感情同时在鼓动着这位史前的建筑师？

当我们不得不从历史的立场客观地承认，这个问题的这些最有分歧的答案都可能是正确的，我们仍然不能放弃对它们做遗传学的考察。

在前面几章里，我们把风格当独立的现象，说到它的青年时代、成熟和衰败，说到作为风格嬗变的特征的形式语言和它的组合。分析过了风格的历史，我们就很容易识别每一次花开花落的最特征性的规律。当一个新风格出现，当它的新要素被创造了出来，当然就没有必要用别的东西去冲淡它们——新生的东西大多数都是结构性的或者功能性的，没有装饰美化。后来出现的装饰要素并没有割断建筑物的有机生命，直到它们过了量，超过了有机的界限，堕落成装饰要素的自我表演。**新风格的青年时代基本上是结构的，它的成熟期是有机的，它的衰败是由于过分装饰**。这是许多风格演化的标准模式。那个超越了一切界限的、自得自满的折衷主义的遗产虽然至今还是我们沉重的负担，至今还在肯定已经衰败了的欧洲文化的生命力，但是，它快要完蛋了。

现在，从这个高度，我们打算把现代的“结构主义”当作一个艺术现象来评价一番。我们最好先理解俄罗斯结构主义者发出的威慑性口号和它的虚张声势，它们在心理上是自然的，艺术史家们很熟悉它们：从来还没有过一个意识到自己力量的年轻的运动，不希望在它自己的时间和地点，立即抛弃不符合它的戒律的一切旧东西。此外，此时此刻不仅在俄罗斯，而且也在欧洲出现了结构主义潮流，是非常自然的，它标志着新艺术思想界的演进的新阶段。我们从来没有像现在这样感觉到古典艺术形式的历史性终结，由于惰性，近来我们一直靠古典艺术形式的施舍过活；我们也从来没有像现在这样明白地意识到近来在我们当中呈现出来的好看的、逼真的作品仅仅是一个蜡像，一个完美的陈列品，它最合适的位子在博物馆里。

无疑，历史的路程绕了整整一圈。老圈子已经绕完，现在我们开始耕耘艺术的新园地，正像经常在这种情况下发生的那样，跟结构和功能联系在一起的问题被认为是首要的问题；新风格在艺术上是朴素的，有机地合乎逻辑。

这就是为什么结构主义思想，尽管说些破坏性的话，在我们看来在当前是自然的、必要的和生气勃勃的。

如果这样的“结构主义”是一种新风格在原始状态时的一般特征，它也就是我们时代的风格的特征。其原因，当然不仅仅要在当前的经济情况中找，而且也要从机器和相关的机械化生活方式在我们生活中产生的巨大的心理效应中去找，机器的本质在于它的组成部分的赤裸裸的结构性。

在机器中，没有那种从基础美学看来是“非功利性的”要素。那里没有所谓的“幻想的自由翱翔”。它的每一个要素都有一定的、明确的结构任务。一部分是支承的，一部分是旋转的，第三部分产生向前运动，第四部分把这运动传递到皮带轮上去。

这就是为什么机器有最活跃的功能部分，绝对没有“不工作”的构件，十分自然地排斥装饰因素，不给装饰因素以地位，从而走向当今如此热门的结构主义思想。但结构主义的存在却必须吸收它的对立面：“装饰”。

事情并不像有些结构主义者企图说服我们的那样：艺术情感消失了；幸好，事情并不如此，结构主义者们自己的作品最好地证明了这一点。事情是这样的：在已经变化了的生活条件的影响下，在现代经济、技术、机器以及它的合乎逻辑的后果的影响下，**我们的艺术情感和它的特点也已经发生了变化**。在我们心里，现在存在、将来也会存在对非功利性审美的需要，因为它是我们作为生物的基本的、不可动摇的特征之一。不过，现在为满足这种需要走的是另一种路子。**对我们来说，最好的装饰因素是那种不失其结构意义的因素，“结构”概念已经把“装饰”概念吸收进去了**，二者合而为一，造成概念的缠结。

我们每一个人都有这样的审美感受能力，当今最能满足这种感受力的要素是赤裸的、不加掩饰的结构形式。所以我们跟新生活的景象相和谐，所以画家才画出这样的画，导演才创作出这样的模特儿，这些画家和导演都是成心把结构的专门要素、机器和工程构筑物当作装饰题材来处理。

无疑，现代艺术力争使用像结构形式那样简朴的、禁欲的语言并不是偶然的事，就像各个艺术家集团愿意把自己归入各种流派的名下那样绝非偶然。“理性主义”“结构主义”和其他所有的这类名称，无非是为现代性而做的斗争的外在表现而已，它们比第一眼看上去的情况要远远深刻得多，远远更富有想象力，它们产生于机械化生活的新美学。

值得看一看那些狂热地宣称艺术已经死亡的建筑师、画家、导演和其他大师们的作品，也应该看一看那些还没有能完全摆脱近几十年的折衷主义和假浪漫主义的人们的作品。在这两类作品中，我们可以看到虽然因艺术家的感受力和天才的水平而导致的差异，却都是同样的一种努力，即争取合乎逻辑的、理性的、朴素的和严肃的艺术，一种手艺技巧多于热情的鼓动的艺术，一种深刻的直率和外向多于懒洋洋的敏感和精致的艺术。结构主义，作为现代美学的一个方面，源于喧闹的生活，饱含街道的气味，淹没在街道的疯狂的速度、务实性和日常琐事之中。它的美学，乐于吸收“劳动宫”和群众节日的广告招贴，无疑是新风格的特征性方面之一，它渴望着认可现代性，包括它的一切肯定方面和否定方面。

6

工业的和技术的有机体

都灵，安沙尔杜飞机厂一座厂房内部

机器真的要取代艺术吗？艺术真的要放弃它的艺术原则而仅仅模仿人类创造活动的这些富有冒险精神的成果吗？

当然不会。因为对艺术的需要，对艺术珍品的创造和享用的需要，大概是人的本质的最根本的基础之一，它是提高人的生命的强度和它社会的、组织的能力的最好手段，它对野蛮人、儿童和超现代的机械化了的人都一视同仁。情况之所以如此也因为真正的艺术从来不模仿，从来不放弃它的有机的高度，而代表一个规则和原理的自足的世界，这些规则和原理恰好满足生活。但是，正是这种满足就迫使艺术现代化；因为，可以复述沃尔夫林的话："艺术的形式跟它同时的声音以它们各自的语言说着同样的事情。"

因此，上面对机器的分析，把它当作在现代性中起如此重大作用的因素，既在心理方面也在我们世界的外观方面起大作用的因素，这样的分析的意义仅仅在于作为一种方法阐明现代性的某些方面，这些方面能够在预测现代形式这件困难的事情中有特殊的用处。我们从机器的本质中抽取出来的基本原则已经成了普遍的原则，某种意义上，它们可以解释各种各样的人类的活动和现代本身。由人造出来的并使它与人相适

科隆，火车站的桥

应的机器，也使人和他的心理适应于它。一个飞上天空，钻进地下，把黑夜变成白昼，并凭他本身做出以前做不出来的事情的人是个现代人；具有求实的和理智的现代思想，他当然不可能满足于老奶奶一代的田园诗。我们喜欢不喜欢这个人和这个现代性，这是个口味问题，而此时此刻，又是个毫无意义的问题。生活之所以这样是因为它不可能有别的样子；哀叹失去了昔日的诗意并且有气无力地企图恢复它，那是无聊得很的，重要而又必要的，倒是抓紧我们所处的现实，立即动手去创造现代生活，即使不为我们自己也是为年轻一代创作唯一可以正确地理解的现代生活的诗。要去体会响亮的现代生活大合唱的重大意义；要沉浸到它的忧虑和喜悦中去，它的景观，挂着电线和掠过飞机的天空；去领会被机器的运动缩短了的距离，被桥梁的明确的轮廓划破的街道以及街道中稠密的行人的闪闪发光的斑点——去感受这一切，去充分地表现它们，这是现代艺术的任务。

但是，怎样才能跨越这个现代性大合唱与历史性宏伟建筑物之间的鸿沟？我们已经一清二楚地认识到，它们二者的共同之处在于创造性劳动的原则而不在于它们的形式。我们要努力继续做我们的分析。

机器的直接后果，它的合乎逻辑的发展，是从人类同样的现代需要中生长出来的所谓工程结构。许多同样的结构是机器的直接的衍生物。例如起重机或者吊车，它的组合原理是完全模仿机器的，但它在形式上却是典型的工程结构。其实，吊车的精确意义在于它的做某种功的运动。它的整个机体表现为一个我们早已熟知了的图式，这图式的组成比较特别，它的表现得很清楚的运动的轴线位于吊车机体的范围之外。从它的运动的特点来说，它是一架机器。然而，它的外表却是另外一回事：它的桁架梁由杆件和斜撑组成，把压力和拉力从一个节点传到另一个节点，一直到顶端，这个应力的格构按伸臂方向做成吊车的积极的功。这机器的机体是沉重而坚固的，可以沿地面运动，而吊车的结构却是轻灵的，把它的比例优美的轮廓展开在天空。在外表设计方面，它的机体比起机器来是完全不同的，是全新的，但是由于二者的组合原理是一样的，所以能够很容易地合成一个大合唱。它们互相补足，虽然有许多不同之处，却并肩在一起组成一个整体。

下一个级别的工程结构，离机器更远一些，是各种各样的桥梁桁架，它们没有真正的或者可见的运动；然而，裸露的结构，包含现在已经熟悉了的杆件以及连接它们的节点的强大的应力，表现着一个非常活跃和清晰的运动的图式，从此点传到彼点。就像吊车一样，新的机体服务于与机器不相同的目的，由不同的材料造成，按不同的方法设计。

这样一个钢铁的桁架梁与石头的桥墩之间的直接联结很自然地延续了同样的发展路线，探索石头适当的形式。事实上，雄伟的、整块的桥墩就是按照这个原理造起来的；它清楚地呈现出在某个方向上正在做的并联系着桁架中所有杆件应力的强大的功的应力：石砌桥墩的轮廓代表着一个真正现代的形式要素。这样，我们见到如此多种多样的问题被包容在一个简单的共同原理之中，而并不产生千篇一律的设计；相反，它们创造出不同的、自成一格的形式因素，不过，它们是在用不同的语言说着同样一件事。这样，借助于观察现代工程结构，在一定程度上说明了探索新形式的方法以及现代机械美学作为这种方法的主要源泉的作用。

然而，格构的形式因素与纯粹的建筑形式之间的鸿沟还是太大了。不论是机器还是工程结构都没有提供富有意味的空间，而空间却是建筑的真正表现形式。通过分析另一种结构形式，我们能够比较容易地吸收这个方法，这种结构形式同样也起源于机器，不过它已经与日常惯用的狭义的“建筑”这个词十分接近了，这就是工业构筑物。工厂是机器发展的最自然的结果。它包容着整批机器，它们有时候完全一样，有时候五花八门，不过它们总是被一个共同的目标结合在一起。这样的一批机器充满着运动，这运动比任何一架单独的机器的运动都要强上数倍；同时，被一个共同目标结合在一起的五花八门的机器更加引人注目、更加可以作为有序的构图组合的实例。如果我们面前有一批机器，用以一起做一件简单的产品，例如，做火柴——一台机器削木片，另一台把它们转化为盒子，第三台做火柴，第四台给它们蘸硫，等等，如此这般，所有的机器被同一个必须性联结在一起，每台机器的部件都要互相配合起来。这些机器的位置，它们的轴线的方向，各个部件的动向，所有这些都要严格组织好，而且用皮带、齿轮之类联系在一起。如果生产过程开始于这组机器的一端而在另一端结束，我们就见到了一个运动的很强的方向性。另一方面，许多机器被同一个目标结合在同一个地点，会造成一个新鲜的力的感觉，因为它们的能力一经组织就增大了。无数的钢铁怪物低声地叫、高声地吼，被不停地向同一个方向飞快运动的传送带联合起来——这一切产生了一个以前从来不知道的壮观的运动的紧张性。

工厂包容着这壮观的运动。像个巨大的壳子，必然会表现出所有这些特征性方面。再说，它已经代表着一种“住宅”，居住着劳动和机器而不是人，但它真的是住宅，这就是说，是真正的建筑作品，具有一切空间特性；因而，分析这样的工业构筑物对我们是十分重要的。

实际上，当然，我们在任何工程结构上只能见到机器组合原理的基本方面。在工厂、电梯或者发电厂中，它们的结构的创造者要深入到它们的灵魂里去，用最精简节约的办法去满足它们的功能和建造问题。极其自然地，工程师和营造者们，在根本没有建筑师参与的情况下，也没有成心打算，却创造了现代形式的意义重大的建筑。它们，在已经被承认了的建筑的领域里，在已经造了出来的结构之中，是唯一有资格被定义为意义重大的建筑的。确实，在它们之中我们可以分析出熟知的特征来：既有真正的重要性，也有这重要性的纯粹的现代动力；形式的不对称；方向性表现得很清楚的运动，沿着一个可以确切察觉的外部轴线的方向生成并创造一个机械化城市的特征性的缺陷；组合图式的力量和不可摧毁性，虽然看上去杂乱无序，却是紧密结合在一起的；所有部件和骨架都是朴素经济的；最后，材料的特别丰富有变化的表质，如动态轮廓很有表现力的钢和铁的花梁格构，钢筋混凝土和石头的实体，玻璃的反光，这些统统合成一个整体。在近十年欧美最大城市的工业构筑物中，我们不但见到了已被承认的现代美学的基础，还见到了建筑的个别部分，支承系统、节点、桁架、门窗、尽端、构图模式的闪现和新形式的闪现，它们已经可以应用到居住建筑上，已经可以用来作为具体的、非常实际的材料帮助建筑师找到创造性工作的真正道路，帮助他把抽象的美学语言转化成建筑的精确的专门词汇。这就是工业建筑的作用：作为一个联结点，它对我们的主要价值在于它的平凡的真挚性，日常的现实性，在当前坚实的土地上扎下创造性探求的根，以及它在可能的、可以达到的、真正需要的限度内保持高昂的理想。

那么，工业建筑的形式应该取代建筑创造力的一切其他形式吗？工厂和筒仓将是现代建筑的唯一内容吗？

当然不是。就像我们区分开机器和工业构筑物一样，也应该同样地区分工业构筑物和居住建筑。就像工业建筑不是机器的有意的仿造品，它的形式仅仅为了满足目的，是有机地、独立地创造出来的，但仍然以它们的富有特色的独创性反映那同样的现代性，所以，此处也有类似性。在上一个世纪，生活的基本意义不同于现在，那时建筑的主要内容

布法罗的谷仓塔

是居住建筑和公共建筑，它们影响到工业建筑，而现在，恰恰发生了相反的现象：工业建筑，更接近于现代形式的源泉，对居住建筑产生了影响，而居住建筑是最传统的，最停滞不前的。

我们可以期望从工业建筑中而不是在其他任何地方得到现实的指示：用什么方法可以找到这些途径。我们在这儿讨论着的是给已有的现代化景观——机器、工程结构和工业构筑物——再加上建筑链条中的最后一个环节：与这些构筑物平等的居住和公共建筑物。

7

新风格的特征

蒂森机械厂的冷却塔

在居住建筑和公共建筑的创作者眼前的是什么样的道路呢?

能不能谈论这两大类建筑创作的形式语言呢?

当然，这个问题目前还不能有明确的答案。那些震动全世界的事件，那些其意义有助于揭示和解释艺术的基本现代性问题的事件，也有它们的对立面。

经济衰退席卷了世界上所有的国家，没有一个国家可以在住宅建设上干得漂漂亮亮。过去十年里造起来的大型建筑物只有几十个。在大多数情况下，只造了些工业建筑物。欧洲被战火破坏了的部分的重建，是在最大限度地压缩紧迫的建设计划的口号下进行的。自然，这尤其适用于经济上遭到更大蹂躏的俄罗斯。

因而，现在还没有足够数量的已经建成的房屋或者一批具体资料可以用来作为评定新风格的优缺点以得到任何最终结论的基础。它的面貌还没有充分发展，这只有在国家的一般福利得到改善，财富有了积累，

布法罗的谷仓塔

以致能够实现现代建筑的最好理想的时候才能做到。那将是新艺术的繁荣的顶点。

就眼前来说，我们只能说说一个**过渡时期**，说说新风格的发展中的初级阶段，说说它的那些已经相当清楚地确定了的特征，当然，这些远远没有说尽这风格将来的发展。

前面提到的经济压力正影响着这个过渡时期，给新风格的已经发展了的特征打上了它们的烙印。无拘无束的创造幻想，运用成套齐全的创作方法，目前对我们是不合适的。我们的发展中的风格目前所处的环境负担不起一个要花很多钱的、“无目的”的艺术，在被许多包袱压得喘不过气来的现代生活中没有它的位置。当然，目前这样的生活，要求艺术家循规蹈矩，把他约束在有理有利的范围里。如果我们现今出现艺术死亡了的说法，它说的也无非是“非功利性”审美情感。理所当然，建筑师应当首先认真考虑去发掘他的“功利性”的潜力，这就是说，去把他要解决的日常功能问题中正渐渐憔悴的潜在的创造力提取出来。但愿我们不要被这狭隘的问题弄得灰心丧气。真正的建筑师清楚地知道从这个小小的有限的泉源里可以产生出创造性的宏伟图画。同时，思想深邃的建筑史家也清楚地知道这样的事实，即这个有限的东西是主脉，是真正的泉源，它会导致许许多多重大的建筑风格。

因而，我们这个过渡时期的经济特征正在把建筑师的注意力首先集中引导到**使用和组织日常的功能性物质上去**，以最小的人力花费，以最简约的形式。换句话说，经济特征迫使我们不但重视并小心翼翼地对待生活本身提出来的任务，而且要重视完成这个任务的方法。它们迫使建筑师**提出**他的问题，迫使他发掘建筑材料和当今最好的、最完善的施工方法的一切性质和潜力。

所以，建筑师下一步必须从他的迷迷糊糊的孤立状态走到真正的现实中来；他必须向结构师学习，仔细研究他的工作。这么做，也许他就能得到安慰，因为他看到直到18世纪，在建筑和结构之间并没有任何区别，看到建筑师和结构师本质上是同样的，直到晚期文艺复兴，建造任何一种工程结构都还是建筑师工作的一部分。

取消工厂和住宅之间在建筑意义上的界限，把它们当作仅仅是建筑问题的两个变种，并使结构工程师与建筑师在实际工作中密切接近，就会开发出许许多多光辉的机会来。那么，当前的祸根——结构师创作了他的结构体系却并不相信它的绝对的艺术说服力，而希望建筑师和装饰师来完成它——就会消失，艺术家和建筑师将不再创造他们通常是无用的、杜撰的"结构"。

正在稳定地、迅速地前进着的技术科学的现状将会在它活跃的生命进程中吸引至今还在发呆的建筑师。新的工业和工程结构物更接近于生活的漩涡，把新的体液注入到其他机体中去，注入到建筑物中去，使它们饱含真正的现代性，促进一个**建筑空间组织的新体系的发展**。

现代人的新生活方式的形成会给这些追求提供出发点，工业和工程结构物是它的榜样，是现代形式的最主要的前哨。

然而在同时，限制建筑师的创造努力一定会产生别的后果。在处理生活的平凡方面的时候，在向工匠和结构师靠拢的时候，建筑师必不可免地要受他们的**工作方法**的影响。他和他们一样，不会把对一个独立的图式的无拘无束的幻想当作目标，而去追求给问题以一个明确的解答，在这个问题里既有已知数也有未知数。那么，建筑师将会感到他自己**不是生活的装饰者而是生活的组织者**。创造性的幻想是释放出来的精神能量，它不会放弃它的创造活动，不过会走向另一个方向。幻想会变成发明，生活不会让它成为消遣的玩意儿，而会把它变成永远包围着我们的世界。我们很清楚地意识到在这种情况下那些过高估计创造过程的"神秘性"的人的忧虑，他们预计会失去这种神秘性，随之而失去创造活动本身的价值。无论如何，最好是不要混淆概念。由于形式表现中的天才显现从来不能完全解释清楚，由于我们不知道这些问题的最终解答，存在着对创造过程一定程度的不可解性，它保证了我们个性的差异和我们自己的感觉的重要性。但是这同样程度的"不可解性"也存在于发明家的创造活动中，他的运气是被神秘地选中了的人的那种运气；他的特殊

都灵，菲亚特汽车厂

道路的特点也是不能完全解释的。然而，一个发明家却确切知道他在为什么奋斗，解决他面前的问题，这就是他成功的标志之一。

不必担心艺术家在清楚地知道了他需要什么，他为什么而奋斗，他的工作有什么意义之后，就会减弱他的创造性。潜意识的和灵感的一时冲动的创造性应该让位给一种**清清楚楚的、有条有理的组织方法**，这方法能节约建筑师的精力，把节约下来的精力转化成发明力、创造冲动力。

在这方法的影响下，我们当今的特征性现象出现了——**克服和改造陈旧的古典的建筑思维系统**。

改造的头几步开始于剥除古典建筑各色各样的艺术的和历史的一切附件。变化多端的柱头、柱身、涡卷和牛腿；极其复杂的檐口线脚以及无数装饰要素——所有这些遗产，只在它们自己的时代才有意义和重要性，那时候，这些细节都是从一个完全的整体中合乎逻辑地产生出来的，现在却要被从建筑师的库存中清除出去了。实际上，我们所有的人都已经学会甩掉这些包袱而工作了，已经感到跟这些旧时代的最肤浅、最扎眼的表现十分生疏了。

这样，第一步已经迈出，它必然带来紧跟着的几步，它们迫切地导向新的任务。

都灵，菲亚特汽车厂屋顶上的试车道

建筑物光光的，脱掉了它们炫目的肤浅的盛装，呈现出它们艺术禁欲主义的全部魅力和意想不到的鲜明性，呈现出朴素而整洁的建筑形式的粗率而严峻的语言的全部力量。

这样，最初的第一步不仅仅克服了陈旧古老的东西，而且还展现了新事物特有的倾向于简朴和明确的外表，其原因我们已经充分解释过了。但清除建筑形式要素还有别的意义，一个更富有成果的意义。由于在新建筑中柱子和壁柱失去了它们自足的装饰意义而成为结构的和功能的支柱和扶壁，功能十分明确，所以，建筑师就面临着一个纯粹的**有韵律地安排这些支柱和扶壁的问题**，完全相同的是，例如门窗洞这些功能要素，脱去了装饰外套，会迫使建筑师转向更本质的、更基础的问题，这就是探索**比例关系，和谐的定式。过去，在历史的附加零件的迷宫中它们已经失去了**。

一旦场地清理干净，它的所有特征就都显示明白了。正如建筑要素的简化有助于它们的更有效率的组织，墙面失去了它过去所具有的笼统性，使建筑师能够清楚地理解他最重要、最深刻的任务。墙面和它的节律性布局，全部要素之间的比例关系，所有这一切的基本目的在于**根据一些确定的原则围住空间，造成它的边界，组织它**。

老的古典系统的遗产在这一点上并不像是会绝望地破产。它给我们一个为进一步的工作所必需的导向性的题目。但这更使我们坚信当今建筑的空间问题的复杂性和重要性。我们所得到的遗产既不是一个时代的也不是一种风格的，而是过去人类全部建筑的精华。**希腊-意大利系统的空间处理的、合乎目的的清晰性跟哥特式建筑和巴洛克建筑的紧张的动态力量对我们都同样亲切**。

虽然过去的这两种形式都已完美，把它们用在当今建筑物却会使我们吃惊，使我们觉得它们既不中用又不中看。**这两种现今复活了的形式的规模和力量正在被发展到不可想象的程度**。

当然，现代建筑物在宽度上和高度上都是多面的，它的复杂性离开希腊庙宇的清晰而统一的神堂远远的，也离开现在看来过于简单和平稳的文艺复兴府邸远远的。我们当前的住宅建设需要明确的目标和富有表现力的理性，这些住宅是成百个单元摞起来的，它们并不偏爱或横的或竖的或集中式的，它们只服从城市建设的多样而具体的条件，它们的大部分不得不垂直向上发展，所有这一切迫使建筑师从头到脚武装起来，不仅仅要当一名难得的天才，而且要完美地掌握一切建筑创作方法。

不过，哥特式和巴洛克式主教堂的动势跟我们时代压制不住的速度相比，显得是无限的平衡和单纯的。

这迫使建筑师仔细地观察现代动态生活的一切表现，以便利用他所有的力量和敏感把它们凝固在建筑作品之中。哥特式的方法和巴洛克式的手段已经不再适用。现在建筑师发现了和掌握了它们的构图方法，必须扩充它们，换句话说，用他自己的被周围的生活加强了的方法和智谋去补充它们。

因此，古典遗产的每一条原理都至少要在数量上加以修正，以便对今天有用。但是这个数量上的修正其实构成了建筑的新的质，因为它包含着用新的方法替代过时了的方法，把仍然有用的方法跟新发明的方法结合起来。

进一步修正我们对往日遗产态度的是它的综合性。建筑的历史范例中，北方的和南方的总是互相反对的。北方的哥特式风格的动势和激动总是要破坏和削弱希腊-意大利图式的清晰性和精确性。

现代建筑师一定要克服这个矛盾，要创造出它的共鸣而且和谐的综合。

事实上，既然新的生活条件和快速交通缩小了北方和南方的差别，现代文化和技术的成就又使欧洲的发展水平趋向一致，这个矛盾是注定要消失的，不过不是通过消灭它们的综合性质的特点，而是通过它们的相互渗透而不断扩大它们的力量。现代建筑的目标明确的清晰性和观念的统一，只有靠建筑物最有动势地获得能量并利用渗透到建筑物中——从入口台阶直到顶上的尖塔——无所不包的张力才能得到它辉煌的实现。另一方面，建筑的动势绝不要以消灭构思的清晰性为目标，而必须靠组织方法的清晰性来加强，获得新的力量和敏感性。

分析了现代工业建筑之后，我们很容易获得信心，认为这些话里没有荒谬的东西。工业建筑已经显示出这种创造性综合的迹象，它可能包含着新风格的历史先决的种子，包含它跟过去时代的延续性的联系，同时，包含着它未来的独立力量。

但是，如果认为综合就是新风格的唯一的历史使命，那就大错特错了。在这个搅拌器里，我们将会取得许多现在还不能预见到的东西，现在也还不能给它们下定义。无论如何，现在还不到谈论这一切的时候。

同时，理性主义和现代技术条件正在澄清新风格的另一个特征，这是一个富有成果的特征。这就是营造工业的标准化，个别建筑细部和个别构成部件的机械化大量性生产。

从最深层的本质来说，这个原则是从建筑创作存在的最初阶段就已经固有了的。

当埃及建筑师制造同样大小的土坯砖从而大大方便了建造房子的时候，他利用了经济作用的力量，这作用迫使人用一切可能的方法去节约他需要耗费的能量。这么一个平凡的理由不仅不妨碍模数制的出现，反而促进它的出现，模数制迫使人用一种组织方法，即一切部分均与系统

布法罗的谷仓塔

模数采取一个比例关系，在埃及，这模数便是砖的尺寸。这个看来没有什么意思的理由却其实是创造和谐比例的基本点，在希腊建筑的黄金时代和意大利文艺复兴建筑中，它的作用尤其突出。

正是最初始的这个生产的标准化，即砖的尺寸的统一，成了一般模数化系统的起源。

可是，那些把古代成就当作魔术般的秘密来死守的人，却对现代的标准化表现出焦虑不安的态度。

其实，过去伟大的和真实的风格的建筑很有说服力地告诉我们，每一项这样的技术成就都有利于建筑艺术。

在埃及建筑的标准化跟我们现在的标准化之间当然是有差别的，这是小块土坯砖跟工厂造的建筑构件、整个的支承体以及整套的住宅单元的差别，现代工业生产建筑构件比埃及人造砖快得多了。

当然有差别，这差别成了现时代进步的有利条件和成就——这个数量的差别势必成为新风格的属性之一。既然小小的埃及土坯能够造成金字塔那样的尺度，那么，在现代标准化条件之下建筑师将为他自己规定什么样的尺度呢?

这尺度也是清楚的。这是一个叫人吃惊的尺度，大建筑群的尺度，整个城区的尺度；这是一个第一次在我们面前以很大的规模提出的问题的尺度——最广义的城市规划的尺度。

无论如何，甚至当被应用于更简单的问题时，这个观念仍将是一个多方面的创造问题，在创造中，标准化不仅为新风格生产了它自己的模数系统，而且也可能成为迄今未曾试验过的手段的源泉。

新风格必须全面改变生活，必须不仅寻找处理建筑内部空间的方法，而且同样要把方法推广到外部建筑，把立体的建筑体块当作整个城市空间处理的手段。

当然，这将不是不久前的那种田园诗式的城市，对那种城市的热情太过分了，这将是一个巨大的新世界，在那儿现代才智的一切成就都将汇入创造的主流。

但是，大吃一惊的读者要问，在这座机械化的地狱里，哪里去找生活的“诗和传奇”？

当然就在那同一个地方。在新城市喧嚣的噪声中，在忙乱的街道中，在新风格特征中，诗和传奇跟现代生活融合，并清楚地反映在宏伟的动势的建筑作品中。

诗和传奇的感觉不应该在香喷喷的温室花朵生长的地方找到。这样的“诗材”绝不存在。

将要来临的建筑的强有力的、建设性的语言将意味着受到人们赞颂的“非功利性”观念的死亡，没有理由为此不安。

假如生活需要，诗人们会为这个新世界唱赞歌的；然而，正如这首诗的内容会改变，同样，这些赞歌的语言也会得到修正，变得像机器的运转那样清楚和确定，像充满了时代的汁液的周围整个生活那样清楚和确定。

图版

回顾现代俄国建筑师作品中的新风格

这本书里收录的图片并不直接配合本文，本文的目的仅仅在于阐明现代风格产生的基本原因和它发展的条件。

著者有意识地抵抗了图片资料的诱惑，没有冒冒失失地去对它们做形式分析和评论。这主要是因为他觉得在理论分析中来做这些工作的时机还没有成熟：我们现代建筑师关注的事情还很有限；已经造出来的房子还很少。

然而，即使这些图片远不是一个关心他周围事物的现代化的建筑师抽象思维的成果，著者仍然希望用建筑资料来说明他的思想，这些建筑资料虽然很不齐全，已经很能说明问题了。

在选择这些资料的时候，著者力求客观，力求反映各个建筑师集团的工作——只要他们对新形式多多少少有感情，因而对新风格的形成可能起孕育的作用。

因此，仔细而公正地看一看，就能看出，这里既收集了茹尔多夫斯基的大大做了结构性简化的古典建筑，也收集了构成主义（结构主义）铁杆信徒们的禁欲主义和理性主义的作品，虽然在他们之间观念上和形式语言上有宽宽的鸿沟。同样，著者认为，应该尽量地既表现巨大的有重要意义的建筑物，也表现小东西，因为一种风格既会存在于大东西上，也会存在于小东西上。

技术的原因迫使本书只能复印现代俄国建筑师的作品。

著者希望，这里收录的资料的整体，不分成敌对的阵营，不像眼下流行的做法那样给它们挂上标签，它们都是很有意义的，都能有助于使他的理论阐述具体化。

因此，这项工作有很大一部分转移到了一些建筑师肩上，他们为上述目的提供了作品，著者因而深深地感谢他们。

布法罗的谷仓塔

1. 茹尔多夫斯基，合作者高力和郭高林。莫斯科农业展览会的文化教育馆

2. 茹尔多夫斯基，合作者高力和帕鲁斯尼可夫。莫斯科农业展览会的大礼堂

3. 茹尔多夫斯基，合作者高力、郭高林、波良可夫和帕鲁斯尼可夫。
莫斯科农业展览会的机械馆的内院

4. 茹尔多夫斯基，合作者各洛索夫、高力、郭高林和且尔尼舍夫。
莫斯科农业展览会的畜牧馆的马厩

5. 茹尔多夫斯基，合作者尼宁斯基。莫斯科农业展览会的大门

6. 舒科。莫斯科农业展览会外国馆的咖啡厅

7. 舒科。莫斯科农业展览会的外国馆

8. 诺尔维尔特。莫斯科郊区发电厂锅炉房

9. 诺尔维尔特。莫斯科郊区发电厂锅炉房

10. 诺尔维尔特。雅洛斯拉弗尔的良宾斯基发电厂

11. 诺尔维尔特。雅洛斯拉弗尔的良宾斯基发电厂的栈桥

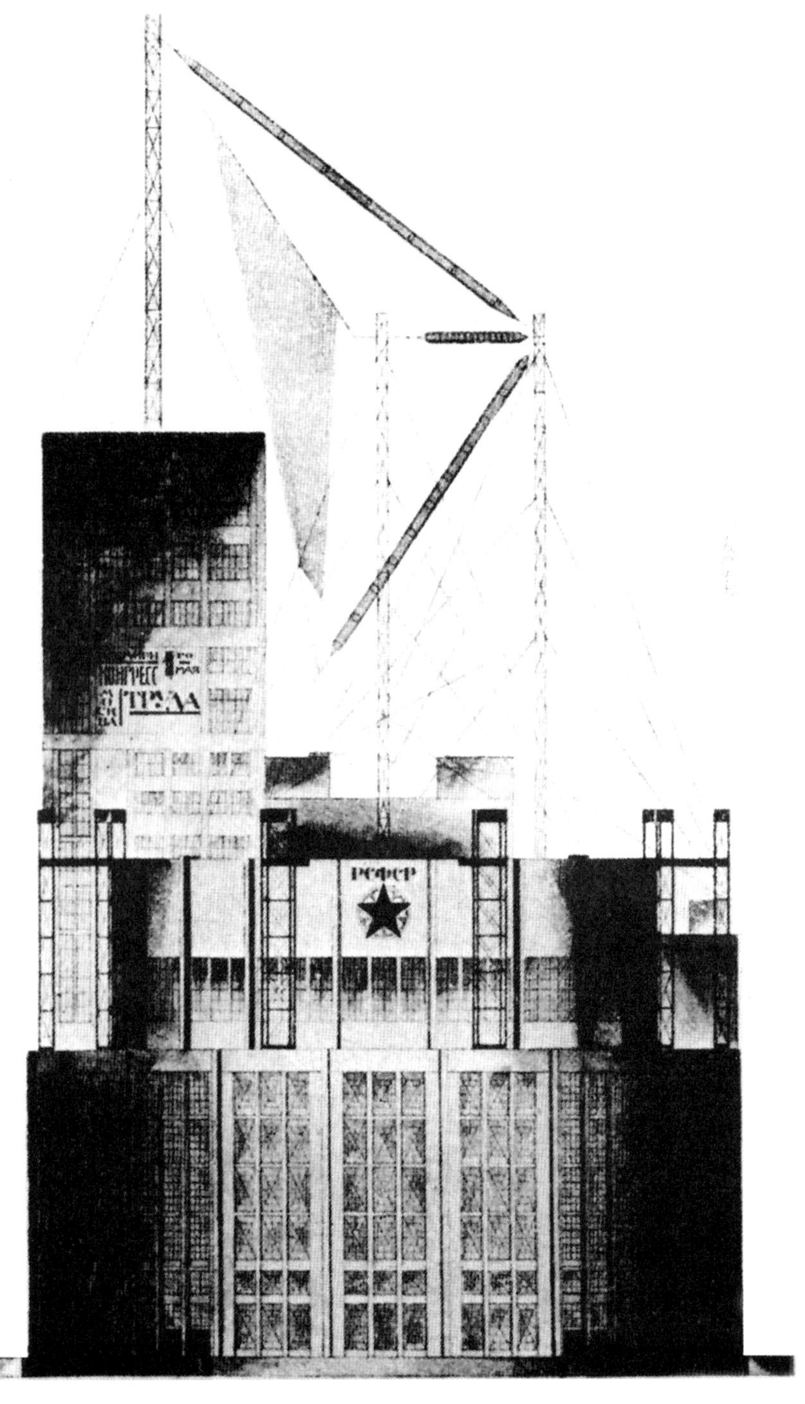

12. 维斯宁兄弟。劳动宫设计

13. 维斯宁兄弟。*劳动宫设计*

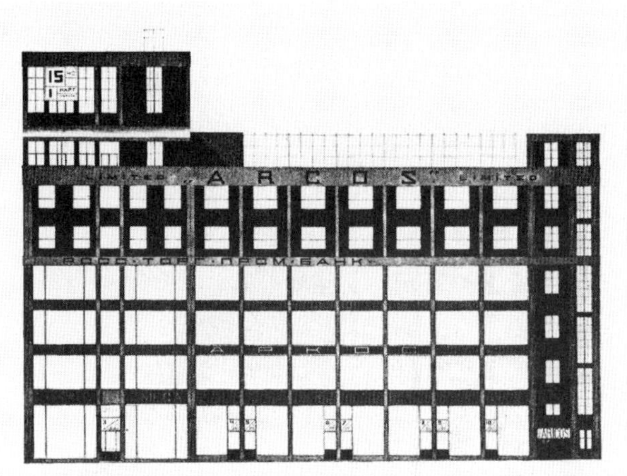

14. 维斯宁兄弟。苏英合资公司大厦

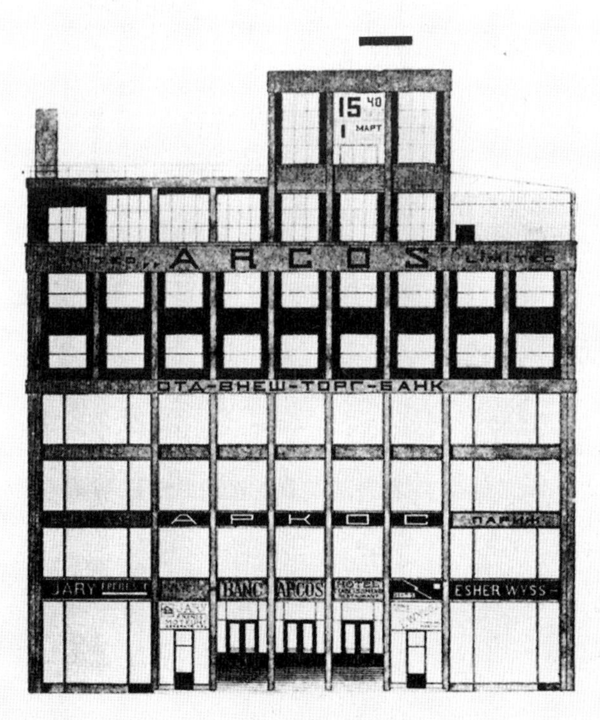

15. 维斯宁兄弟。苏英合资公司大厦

16. 维斯宁兄弟。苏英合资公司大厦

17. 亚历山大·维斯宁。莫斯科小剧场的舞台布景设计模型

18. 美尔尼可夫。
莫斯科农业展览会马哈烟展览厅

19. 美尔尼可夫。
莫斯科农业展览会马哈烟展览厅

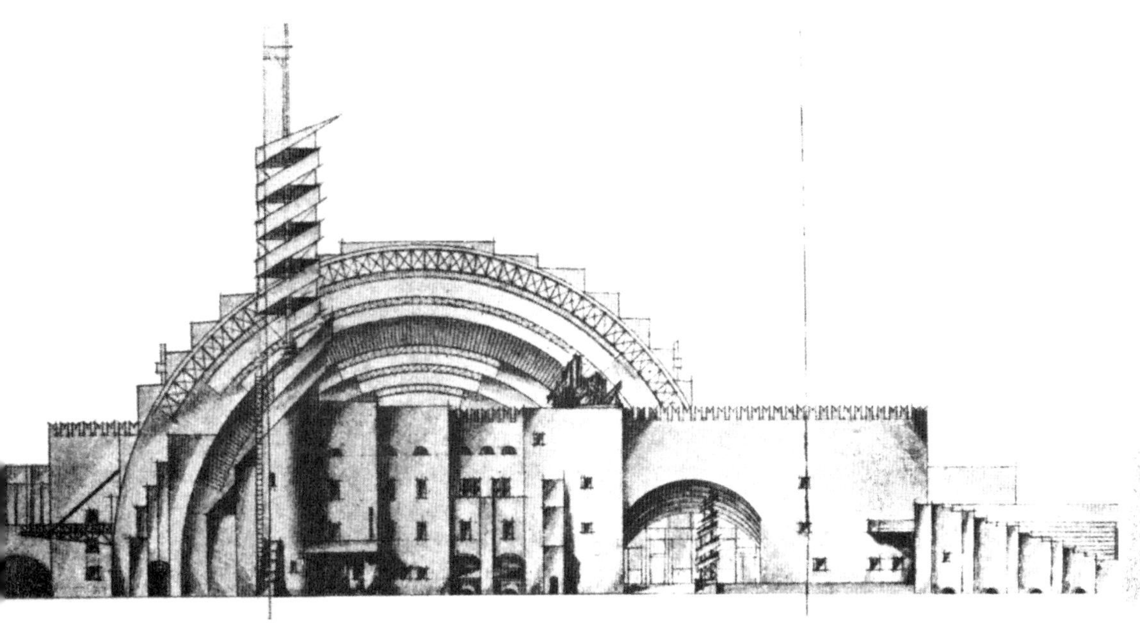

20. 各洛索夫。劳动宫设计

21. 各洛索夫。劳动宫设计

22. 各洛索夫。奥斯坦金诺育马场设计

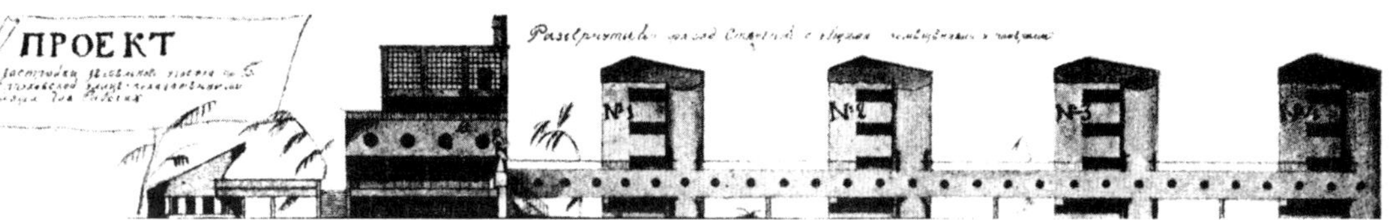

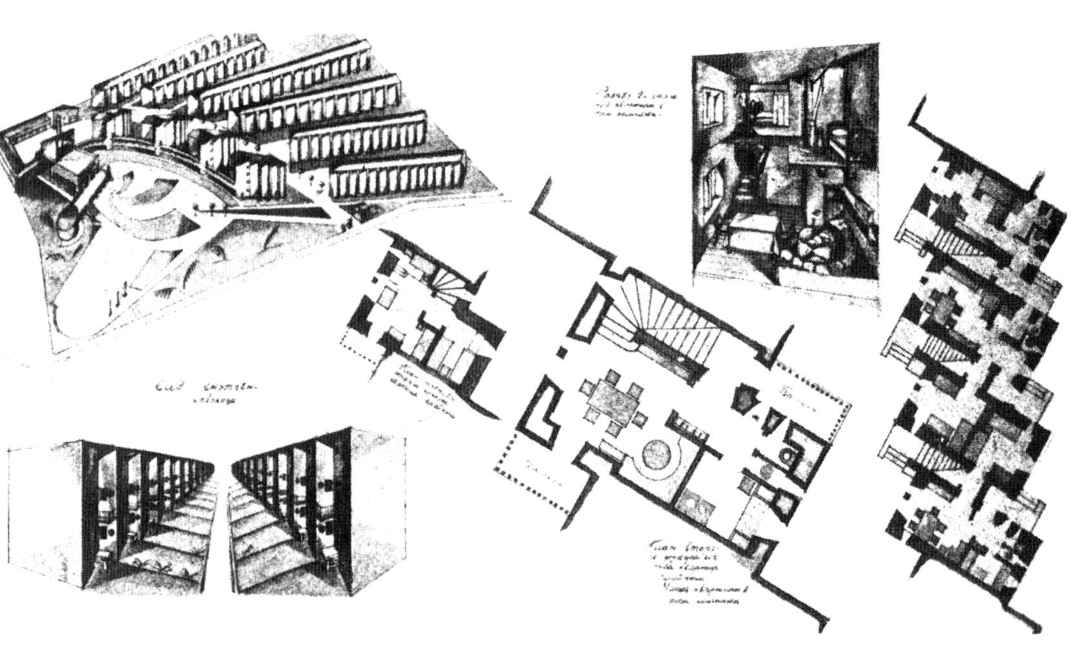

23. 美尔尼可夫。劳动模范住宅设计

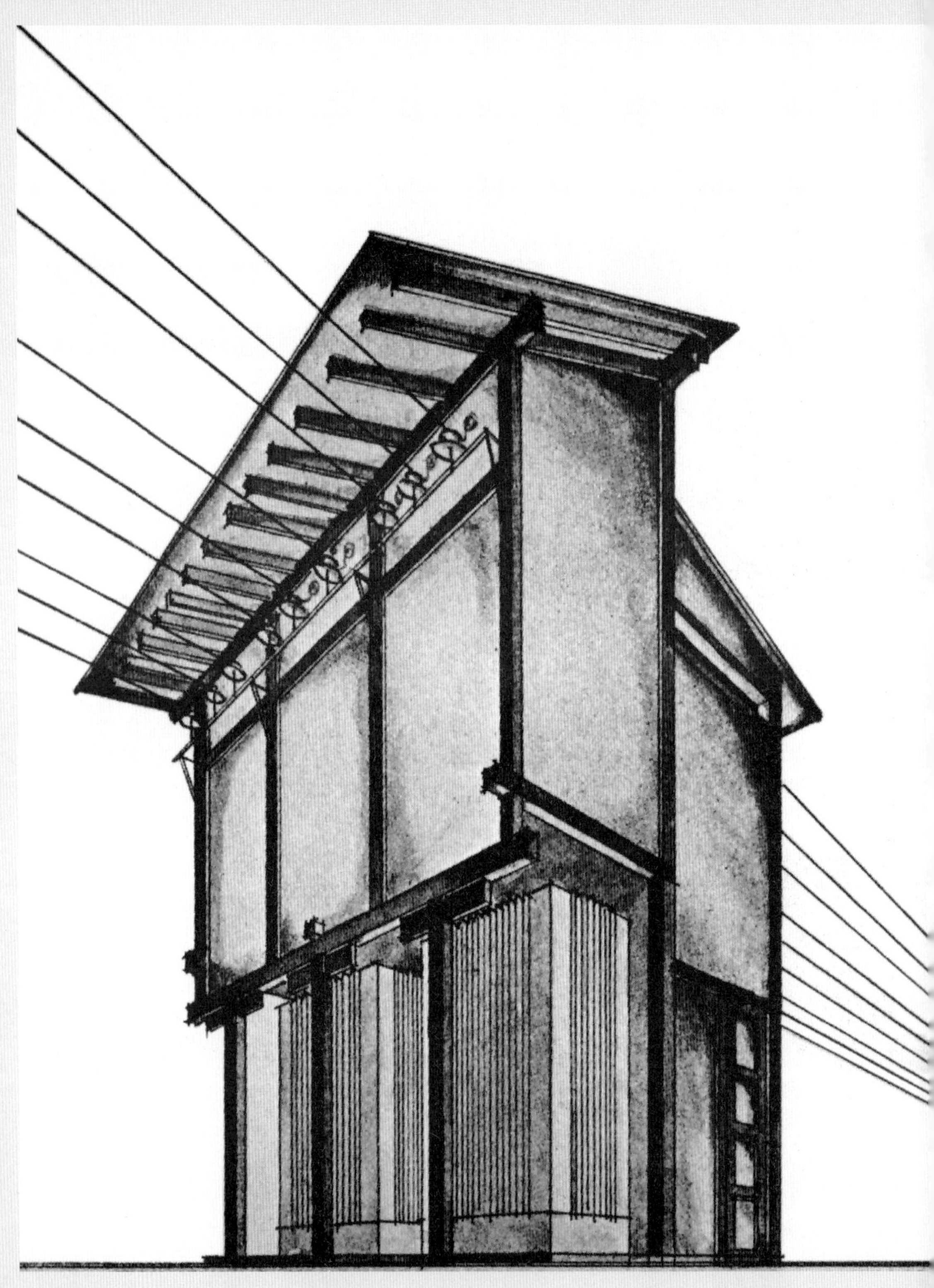

24. 高力。变电站设计

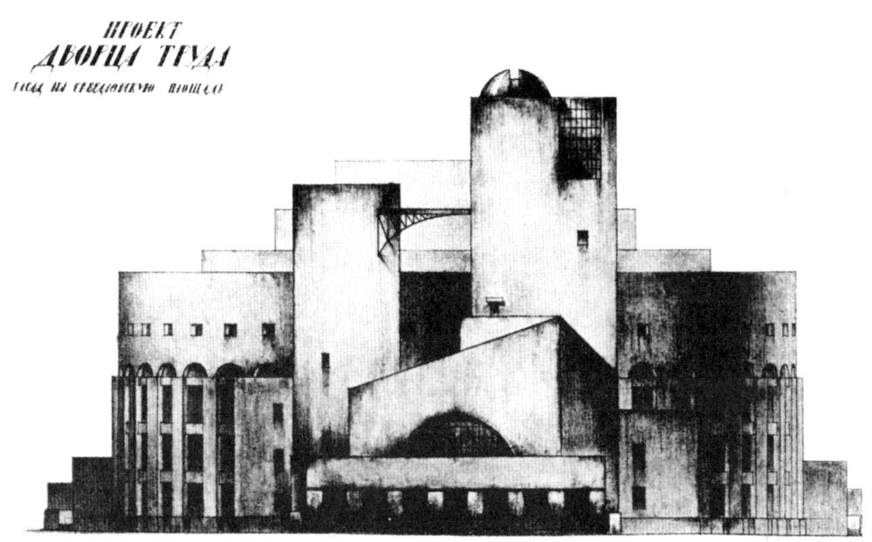

25. 金兹堡与格林贝。劳动宫设计

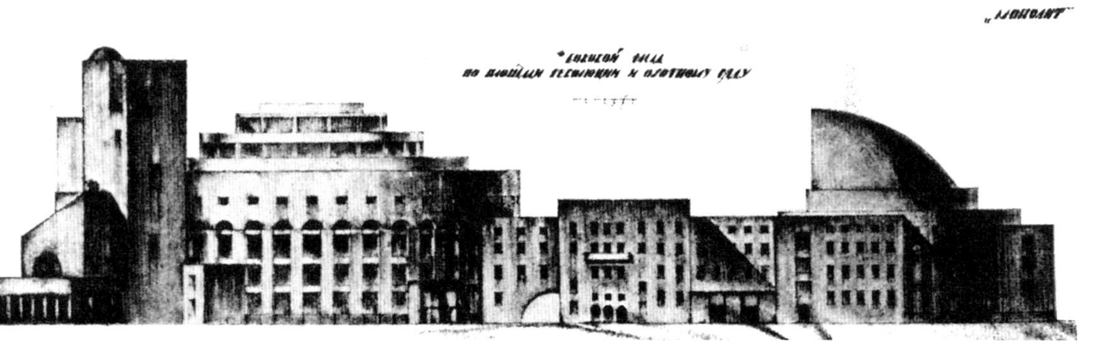

26. 金兹堡与格林贝。劳动宫设计

27. 金兹堡与格林贝。*劳动宫设计*

28. 金兹堡与考拜辽维奇。尤巴道利亚的洛克辛住宅模型

29. 金兹堡与考拜辽维奇。尤巴道利亚的洛克辛住宅模型

30. 林达维格。劳动宫设计

31. 帕鲁斯尼可夫。革命博物馆设计

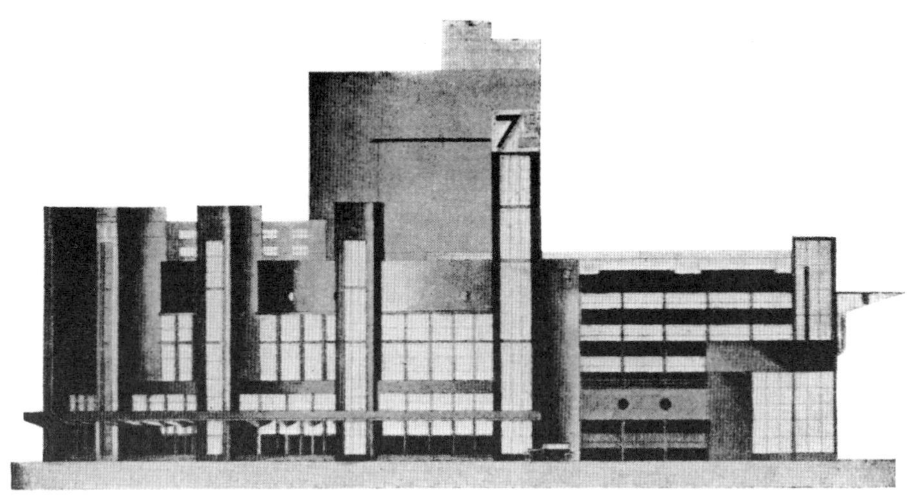

32. 布洛夫。剧场设计

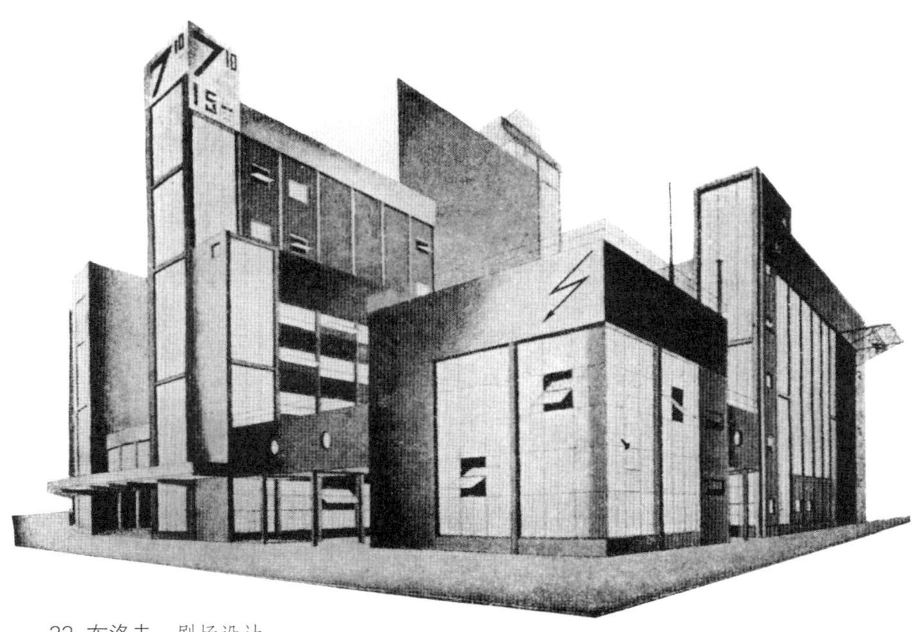

33. 布洛夫。剧场设计

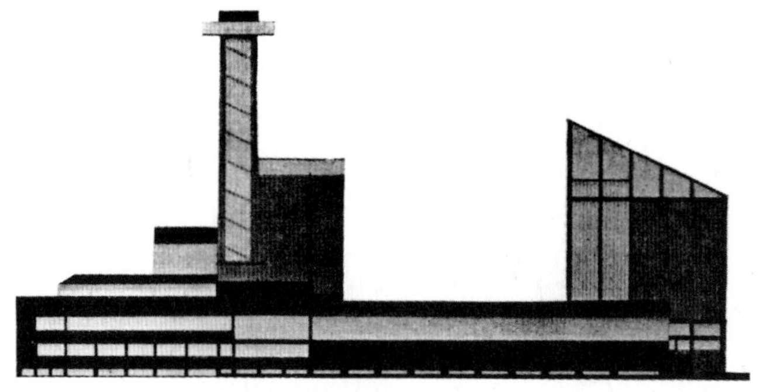

34. 维格曼。红色莫斯科博物馆设计

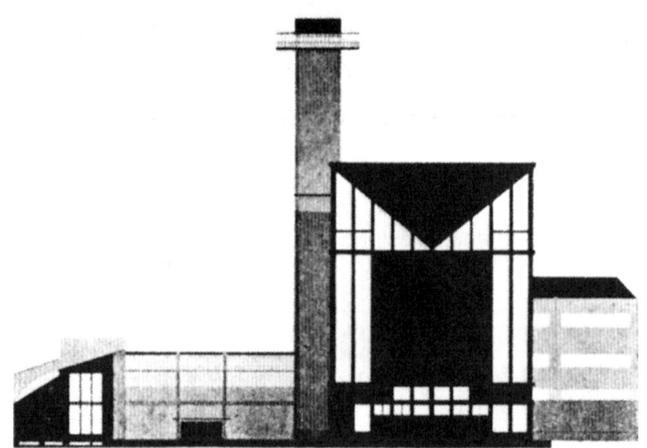

35. 维格曼。红色莫斯科博物馆设计

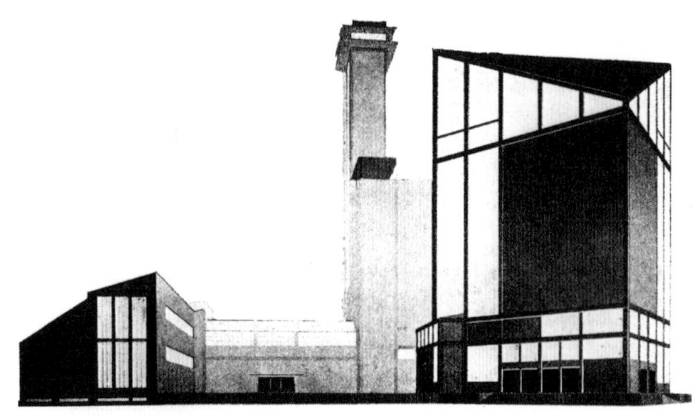

36. 维格曼。红色莫斯科博物馆设计

37. 弗拉季米洛夫。红色莫斯科博物馆设计

38. 弗拉季米洛夫。百货大楼设计

39. 艾克斯特与格拉德可夫。莫斯科农业展览会“宇宙”馆

40. 拉文斯基。莫斯科农业展览会售书亭

41. 多用柜

42. 多用柜

译后记*

1952年初秋，我从工地调回清华大学建筑系，听苏联专家 E. A. 阿谢甫可夫讲《苏维埃建筑史》，从此就不断听到和读到对“贡斯特鲁克吉末士姆”的批判，知道这是一个资产阶级的反动的流派，在世界上，它指的是20世纪初年以来的现代派建筑，在苏联，是二三十年代“新建筑师协会”（ACHOBA）和“现代建筑师协会”所主张的，我们把它译作“结构主义”。

不久，北京的和平宾馆就作为结构主义的代表作，受到批判。当时的逻辑是，既然反帝，就要反对帝国主义腐朽没落的表征之一的现代派建筑。从此，开始了以“社会主义内容、民族形式”为口号的复古主义建筑时期。就在这时候，我读到了查宾柯写的《论苏联建筑的现实主义基础》。这本书致力于论述“世界建筑学分裂成两个对立潮流的过程”，确定苏维埃建筑史的基础就是“社会主义现实主义与形式主义的斗争”。他所说的“社会主义现实主义”的代表，是后来在1955年被批评为复古—折衷主义的作品，而“形式主义”，主要就是“结构主义”。查宾柯用了许多篇幅给结构主义做政治结论，集中的是：“结构主义是资本主义分崩离析状态的现象……也就是反社会、反人民的

* 该部分文字以“金兹堡的恶梦：《风格与时代》和它的批判者”为名发表于《读书》1990年第1期。——编注

反动现象，是直接与堕落腐朽的外国建筑艺术勾结在一起的东西”。因此，现实主义者要对结构主义进行“残酷的斗争”，“给予歼灭性的打击”。

查宾柯的打击集中在金兹堡身上，他是“现代建筑师协会”副主席兼同仁刊物《现代建筑》的主编，“结构主义”的理论权威。金兹堡著作很多，代表作是《风格与时代》，出版于1924年。这本书的重要性可以由查宾柯的话里看出来，他说：“这本书成了结构主义者的《福音书》，……它妄图叙述当前建筑的哲学，做出过去、现在以至于将来的建筑学发展规律。……在他的著作里讲述了关于历史、哲学、伦理学、心理学、美学等领域，……答应提供一幅关于艺术和建筑风格变迁的广阔图景。……他还妄图写新事物，写新建筑理论家的作用，而且不只是苏联的，还是世界规模的。”这样一部书，对于任何一个搞建筑历史和理论的人来说，不管是打算附和它还是加以口诛笔伐，都是很有吸引力的。因此，尽管查宾柯说它有“反革命意义”，“极端敌对、厚颜无耻、刺耳喧嚣、肤浅、狭隘”，是“流氓式的文章”，我还是很想看看它。我托过好几位在苏联留学的朋友找这本书，他们一个个回答，都说没有，书店里没有，图书馆里也没有，连莫斯科建筑学院里都没有。我心里一直牵挂着它。1987年，在伦敦一家书店里居然见到了它的英译本，立刻掏出35镑买了下来，以致口袋里几乎不名一文，只好找留学生蹭饭吃。

英译本由美国麻省理工学院于1982年出版，译者是申克维奇，有建筑史家弗兰姆普敦作序。弗兰姆普敦在序里说，“使人大惑不解的是”，这本“富有创新精神的著作”，“竟要在六十年之后才有英译本”。他大概没有注意到，这六十年里，连苏联境内都看不到这本书。有趣的是，这本书竟被美国人列为“造反派丛书”之一，它的价格昂贵，大约也是因为这个缘故吧，可惜在80年代中叶，“雪夜挑灯读禁书”的乐趣已经没有了。

*

读完这本书，我吃了一惊，原来这本被打了那么多可怕的政治棍子的书，竟写得极其平和，极其学术化，根本算不上有什么造反派气息。我吃惊的原因更是，想起了查宾柯的那些批判和一些苏联人惋惜查宾柯对结构主义的“危险性估计不足”。像苏联学者一般的作风那样，《风格与时代》写得有点儿沉闷拖沓，书生气十足，跟比它早出版一年的柯布西耶的《走向新建筑》对照，它缺乏那种明快犀利的挑战性，时时好像要走极端的喷薄奔腾的炽热激情和激情裹挟着理性冲突而出的振奋人心的力量。它显得冷静，有些论点的理论证明相当细致而步骤严谨，很深入，不像《走向新建筑》那样更多天才的直觉。

为了建设社会主义，战胜资本主义，连这样一本纯学术著作都不能容忍吗？当年对“贡斯特鲁克吉未士姆”的围剿可不是查宾柯之流几个人的霸蛮，而是苏联共产党发动和领导的一场意识形态领域里的重大政治运动啊！这是怎么了？疯了吗？

近年来苏联的政治气候有了变化，我看到了对金兹堡的两则评论：一则是苏联人B. C. 纳金斯卡亚于1979年在《建筑施工规划自动化》里写道，金兹堡是苏联“为发展作为人类活动的一个领域的设计（迪扎因）的理论基础做了系统努力”的最重要的先驱。另一则是美国人C. 库克于1983年在《结构主义建筑师设计方法的发展》里说：“结构主义者相信，在与人民的联系中，抱什么目的，取什么态度，这是原则问题。他们把在建筑领域中发展一整套系统的、经得起考验的知识，或者叫科学，当作对他们的马克思唯物主义社会的职业责任。”金兹堡没有来得及感谢二十多年后给他恢复名誉的新时期，在1946年去世了，背着“可耻的”包袱。但是还有多少这样可敬而又无辜的学者呢？

为了向建筑领域引进现代意识，反对作为封建残余的复古主义和折衷主义，许多人付出过沉重的代价。科学技术领域，也并不总是一派春种秋收以汗珠换谷粒的和平劳作景象。个人的名誉和尊严不容糟蹋，学术的成果则关系到国家甚至人类的进步啊！

*

20世纪20年代，“贡斯特鲁克吉未士姆”作为先锋派之一，广泛流行于苏联的文学、美术、工艺、建筑等各个领域，后来以在建筑中影响最大，而且有相当高的成就。“贡斯特鲁克吉未士姆”又是一个国际性现象，虽然起源于苏俄，法国柯布西耶主编的《新精神》、荷兰杜埃斯堡主编的《风格》和拉丁美洲的《美洲生活》，都发表过它的文章，后来，苏联人又把它甩给了西方的现代建筑。

苏俄早期，各种先锋派理论趁潮而起，其中不免鱼龙混杂、泥沙俱下，不过，在一片“混乱”之中，总有几条主张，以不同的理解和阐释，缭绕在人们耳边。这就是：要建设新世界，就要跟传统意识形态决裂，建设新文化；新文化必须充分利用科学技术的最新成就，反映它们；新文化要直接为劳动群众服务，由劳动群众亲自参加创造。这些主张的最重要鼓吹者是无产阶级文化协会，被“左翼艺术战线”的先锋派以各自的态度采纳，其中也有“贡斯特鲁克吉未士姆”。

“贡斯特鲁克吉未士姆”（Конструктивизм）这个词，我们有时候译作“结构主义”，突出它的工程技术方面，有时候译作“构成主义”，突出它的造型方面，其实，它往往同时兼有这两重意义，只是在不同领域，不同的人在不同的时间有所侧重而已，这情况在它形成过程中表现得很清楚。

1920年5月，在莫斯科成立了“艺术文化研究所”，第二年春天，学院里展开了“构图”（贡波席奇）与“构成”（贡斯特鲁克奇）的争论。大体说来，构图是平面的，它描绘和反映对象；构成是立体的（初时也画在平面上），它不描绘和反映对象，而是创造对象本身。构成的范例是塔特林在1919年做的第三国际塔楼的模型。1921年1月，在争论中，罗钦可（А. М. Родченко）说“构图是错乱了时代的东西，因为它与过了时的关于审美和鉴赏力这样的艺术观念相联系”，而“新的艺术观，是从技术和工程中产生的，趋向组织和结构”。几天之后，他又说：“真正的结构是功能上必需的东西”。从形象构成出发，为了立体化，必须借助于工程技术的结构，有结构就有功能，终于，构成与结构合一，并且走向功能的合理性。

1921年3月，在艺术文化研究所里，罗钦可等七个工艺美术家成立了“构成主义者第一工作队”。它的《宣言》很突出政治，开宗明义就说：“工作队的唯一前提是科学的共产主义，以历史唯物主义为理论基础”。它的目标是在工业技术、材料性能和政治价值之间建立“有机的联系”。1922年，工作队成员阿历克赛·甘（А. М. Ган）出版了一本叫《构成主义》的小册子，调子比《宣言》还激进。他说：“传统的艺术观念当然要跟陈旧的文化一起死亡。”革命的艺术家“不应该反映、描绘和阐释现实，他们应该实际地建造并实现新的、积极的劳动阶级的有计划的目标，这就是建设未来社会的基础”。“贡斯特鲁克吉未士姆”在这里又有点儿建设的意思。1922年1月，在莫斯科的“诗人咖啡馆”举办了“构成主义者作品展”，许多展品像是具有某种功能的构筑物的模型。这年3月，工作队成员约干松（К. В. Иогансон）在艺术文化研究所做报告说：“贡斯特鲁克奇”有两种，一种审美的，一种是技术的，打算把构成和结构分开，而他支持后者。他说：唯一实在的贡斯特鲁克奇是有实际功能需要的，“从绘画到雕刻，从雕刻到结构，从结构到技术和发明，这是我的道路，也将是每个革命艺术家的最后目标”。

构成主义的这些主张自然把它导向生产艺术（工业设计）和建筑。甘在《构成主义》里说：建造城市、小区和房屋是构成主义的基本任务。“构成主义的基本目标是为建造房屋和设施建立科学的基础，这些房屋和设施将满足变化中的共产主义文化的需要”。

一批先锋派建筑师，接过“贡斯特鲁克吉未士姆”，在1923年成立了新建筑师协会。但他们的兴趣并不在真正的建筑，而在于立体的抽象造型，是“审美的”，所以，他们是“构成主义者”。他们大多在莫斯科高等工艺美术学院里教书，实验视觉形象对人的生理、心理效应，不可能在真正的建筑事业上有所作为。

金兹堡是第一个给建筑引进“技术的”“贡斯特鲁克吉未士姆”的人，可以说是第一个“结构主义”者。1925年，成立了结构主义者的“现代建筑师协会”。它的创作骨干是维斯宁兄弟，最小的亚历山大当协会主席。金兹堡是副主席，主编《现代建筑》，在1926至1930年间，这是苏联唯一的一本建筑专业刊物。他以大量的理论著作革新建筑观念，批判复古-折衷主义，对苏联早期建筑的现代化起了重大的积极作用。金兹堡因此也是整个现代建筑的理论权威之一，所以，弗兰姆普敦对他的代表作《风格与时代》出版之后六十年才有英译本，既觉得奇怪，也觉得遗憾。

作为先锋派，“现代建筑师协会”的结构主义者怀着巨大的创新热情。他们的创新不像“新建筑师协会”的构成主义者那样做抽象的形式实验，而有明确的目标和坚实的基础。首先，立足于社会革命，立足于人民生活的社会主义改造；其次，立足于科技革命，立足于新的工程技术和材料。因此，结构主义者提倡“功能方法”。

维斯宁兄弟（里奥尼德已去世）在1935年的《创作总结》里回顾道：“从十月革命的最初日子起我们就明白了，再像以前那样工作是不行的。人类的新纪元开始了，革命风暴把一切阻碍新生活发展的东西一扫而光……在建筑师面前出现了一个建筑领域中的任务：同新生活的建设者齐步前进，用自己的劳动协调、巩固已经争取到的地位，解决生活提出来的新问题。”在1927年第六期《现代建筑》上，金兹堡写道：“建筑和城市环境应该促进社会的变化”，应该是“建设新的生活方式的触媒”。他们在建筑设计中实现这些主张：维斯宁们设计的水电站给工人们健康的、愉快的劳动环境；设计的剧场取消包厢和贵宾席，体现苏联公民的一律平等；他们规划城市，构思的中心是创造设施完善的工人住宅区。金兹堡本人热衷于设计生活高度社会化的“公社大楼”，以解放妇女、培养集体精神，等等。

至于功能方法，金兹堡在上面提到的那篇文章里说，就是“摆脱过去的一切模式，摆脱习惯和偏见的新建筑师……按照建筑物的各组成部分的功能来配置”它们，由内部的功能来决定外部的形式。他说：“功能创作方法不采取分解为彼此独立而且对立的任务的方法，而采取统一的、有机的创作过程，在这个过程中，自然地循着发展的逻辑，一个任务引起另一个任务，一切都为自己找到解释并从功能上肯定自己是合理的。”

一般说来，功能方法的典范作品是机器。不过机器的典范意义超出了功能方法。在那时期，机器不但是科学、技术、材料等的综合成果，而且体现着时代精神，直接影响到思想、观念。这个时代精神就是目标明确、组织合理、功能完善、效率高、节约人力物力、没有多余的不合目的的东西，等等。不少先锋派艺术受到这种时代精神的影响，苏俄的先锋派在此之外还强调机器与劳动群众的关系：它们是产业工人的作品，产业工人的工具。1923年，在《建筑艺术》1—2期合刊上，金兹堡在“编者的话”一栏里说：创作活动必须考虑“我们生活中的一个新因素，心理的和审美的，那就是机器”。

不过，在《现代建筑》1926年第3期中，他说：“建筑师们不要模仿技术的形式，而要学习工程技术人员的方法”。在建筑的形式创造上，作为结构主义者的共同认识的，是甘的公式：“形式服从社会进化”。

*

《风格与时代》是金兹堡在1921年成立的俄罗斯艺术科学院里所做的报告形成的，除前言外，共分七章：一、风格；二、希腊-意大利“古典的”思想体系和它的现代遗产；三、新风格的前提条件；四、机器；五、建筑中的结构与形式结构主义；六、工业的和技术的有机体；七、新风格的特征。

在第一章和第三章，金兹堡讨论风格的特征。他强调风格的时代性和社会性，论证一个社会在一个时代里，建筑跟服装、圣诗跟小调，历史剧跟街头滑稽戏，都有一致的风格。风格不是个别的、偶然的特色，这样，他就论证了“个人口味的喜欢不喜欢不能成为评价艺术品的基础，要把艺术品看作一个客观的历史现象”。因此，他说，只有社会的“演化和进步才能最终导致新价值和新创造力的诞生，从而丰富全人类”。

金兹堡提出了一个评断风格价值大小的方法，他说：“根据就是它们所含的有利于新生的质素的多少，这是创造新事物的潜力。”他认为这个标准比作品的“完美度”更有本质的意义。因而他断定：“这就是为什么折衷主义不论它的代表作有多么辉煌，都不能使艺术丰富”。他激烈地批评艺术学院折衷派的保守作用：“艺术学院好像只关心消除年轻人对新事物的热情，消除他们对创造性工作的爱好，而不教给他们在过去的作品中看到合理的发展”。他说：“没有现代性，艺术就不成其为艺术。”

在分析了建筑的特点和建筑艺术风格演变的特殊规律之后，金兹堡同样激愤地批评一些建筑师根深蒂固的思想，以为在有古老建筑物的城市里，新建筑物也必须古老化，以求得城市面貌的统一。他说：“只有一个颓废堕落的时代，才愿意让现代形式屈从于过去时代的风格”。“真正的创造性只能是真诚的，其结果就是现代的。……这些艺术家，不是根据他们爱好的风格来创作，而仅仅根据现代性的固有语言来创作，在他们的艺术方法中反映着今天的真正本质，今天的旋律，今天的日常劳动和心事，以及今天的高尚理想。”

金兹堡深信，新世界必然有它的新风格。那么，什么是新风格形成的前提条件呢？“新文化的诞生总是由于一个新国家、新民族或者新社会集团登上了历史舞台”。十月革命之后，在苏俄，“劳动——工人阶级——是生活的要素，它已经挤到了生气勃勃的现代化的新社会环境的前列，它代表这环境中生活的主要内容，这环境的起统一作用的象征。……我们毫不犹豫地准备把我们最好的艺术才能贡献给劳动……因而，发展与劳动有关的建筑物——工人住宅和车间——以及它们所派生的无数问题有关的建筑物，……成为现代化所面临的基本任务。……这些问题的意义超越了它们自己，在解决它们时所产生出来的因素将成为一个彻底全新的风格的因素”。这就是说，直接为劳动大众服务的建筑类型，将成为社会主义社会中建筑风格的代表。

第二项前提条件是生产技术手段，这个生产技术手段，不仅仅是用于造房子的，更重要的是作为社会生产力因素。从这一点出发，金兹堡用很大的篇幅论证机器的社会历史作用、心理审美作用和相应的风格形成的作用。他说，“正是机器，正在越出它的范围而逐渐填满了我们生活方式的所有角落，改变我们的心理和我们的审美，它是影响我们的形式观念的最重要因素”。他可能过于简单地夸大了“诸生产力的性质和相互关系”对意识的直接作用，不过，他批评美术研究者完全忽视机器所引起的人们生活的激变，忽视机器与艺术，尤其是建筑的发展的关系，那是正确的。

金兹堡用第四章整整一章的篇幅讨论了机器的特点，尤其在它的形式构成方面，不妨说这是一章“机器美学”。他把马里内蒂（Filippo Tommaso Marinetti）和圣伊利亚（Antonio Sant'Elia）在《未来主义宣言》里的狂热呼喊冷静地理论化了，把柯布西耶在《走向新建筑》里零散即兴式的思想完整地系统化了。他希望建筑师学习机器的“组织”，“在机器里，所有的部分和构件在整体中都占有特定的位置、地位和作用，都是绝对必需的。在机器中，没有也不可能有任何多余的、偶然的或者装饰的东西。……我们在机器中见到的，本质的和首要的是和谐的创造理想的最清楚的表现”。跟柯布西耶不同的是，他在论述中用货轮代替了豪华的游轮、用火车头代替了豪华的跑车，这大约是为了多一点无产阶级气，少一点资产阶级气罢。

在第五章里，金兹堡以旁观者姿态评论了结构主义。他提出了一个风格从青年时期、成熟时期到衰败时期的演化模式，认为“新风格的青年时期基本上是结构的，它的成熟期是有机的，它的衰败是由于过分装饰”。立论之一是，建筑新风格的诞生往往是由于结构原则的突破，所以在它的青年时期，新的思想总围绕着把握这个新结构原则。他说“此时此刻不仅在俄罗斯，而且也在欧洲出现了结构主义潮流，是非常自然的，它标志着新艺术思想界的演进的新阶段”。在1926年的第1期《现代建筑》里，金兹堡说：结构主义的功能创作方法会导致新建筑的禁欲主义，但这没有危险，因为这是“青春和健康的禁欲主义，是新生活的建设者和组织者朝气蓬勃的禁欲主义”。

但是，金兹堡说，结构主义并不排斥艺术感情，也需要非功利性的审美。只不过是“对我们来说，最好的装饰因素是那种不失其结构意义的因素，结构概念已经把装饰概念吸收进去了，二者合而为一”。

在第六章的开篇，金兹堡问：“机器真的要取代艺术吗？艺术真的要放弃它的艺术原则而仅仅模仿人类创造活动的这些富有冒险精神的成果吗？”他的回答是否定的。因此他设想了一条从机器到工程结构、到工业构筑物再到居住和公共建筑这样的链条，在机器和建筑之间建立了几个过渡的中间环节，既拉开了距离，又牢牢地联结在一起。

从第五章和第六章，自然就引出了金兹堡在第七章里的犹豫，他承认还不能完全认清建筑的新形式语言，因为新建筑的“面貌还没有充分发展，这只有在国家的一般福利得到改善，财富有了积累，以致能够实现现代建筑的最好理想的时候才能做到。那将是新艺术的繁荣的顶点”。而眼前，也就是20年代初期，不过是个过渡时期，是“新风格发展中的初级阶段”，“我们这个过渡时期的经济特征正在把建筑师的注意力首先集中引导到使用和组织日常的功能性物质上去，以最小的人力花费，以最简约的形式”。这是因为，建筑的任务不是追求形式，而是处理平凡的日常生活，他“不是生活的装饰者，而是生活的组织者”。金兹堡确实是一个思想开阔的理论家，他不被自己的专业偏见局限。

金兹堡预测了新风格未来的方向：目标的明确肯定，非功利性审美观念的死亡，古典形式和思维方式的淘汰，经济和技术的主导地位，高效率和节约，标准化，城市规划的尺度，等等。“假如生活需要，诗人们会为这个新世界唱赞歌的；然而，正如这首诗的内容会变，同样，这些赞歌的语言也会得到修正，变得像机器的运转那样清楚和确定，像充满了时代汁液的周围整个生活那样清楚和确定”。

*

《风格和时代》以及金兹堡的其他著作，发表在20年代那个各种先锋派思想狂热地激荡的时期，当然不是无可挑剔的。但是，它们是严肃的、是饱含着对新社会的热情的，它们对现代建筑的发展是起了促进作用的，给它的理论基础做了可贵的贡献。然而，30年代，随着那一阵对先锋派的“横扫”，金兹堡终于被打成了资产阶级反动学术权威。

查宾柯和另一些人对结构主义、对金兹堡的批判，主要针对三点：

第一，针对金兹堡的反对建筑中非功利性的、唯美的、泛政治化的观念，批判他的“非思想性”。查宾柯写道：“世界建筑中的结构主义，在其一切思想意义上都是直接由帝国主义时期衰颓的资本主义文化内容而产生的，阉割建筑的思想艺术内容，企图用无思想性的毒药来毒害劳动人民的意识，防止社会觉悟的提高，归根结底，也就是防止解放斗争的高涨”。他认为，“建筑除了要完成思想艺术任务之外”，“还要协同解决其他一些问题，如居住、教育、保健、文化活动等等”。而这个思想艺术任务，就是1950年9月28日《真理报》说的“表现出斯大林时代的伟大壮丽”。

第二，针对金兹堡的反对复古主义和折衷主义，批判他对文化遗产的“虚无主义”，进而批判为“反民族，反人民”的。“金兹堡特别疯狂地攻击俄罗斯的遗产，竭力詈骂这种遗产，……是与伟大领袖列宁和斯大林的教导极端违背的”。查宾柯又说：“现实主义的建筑探求，依照两个方向进行，一个方向，倾向于古典主义作品，另一个方向，集中注意于更早期的俄罗斯建筑艺术”。为了跟当代的资本主义文化对抗，他主张跟封建文化结成联盟。

第三，抓住金兹堡的“机器美学”，批判他的“技术拜物教”。查宾柯说：“这种机器美学，完全适合资本家统治阶级的要求，因为这种美学能够为产生这种被崇拜的机器的资本主义制度的威力辩护，这种艺术必不可免地要成为灭绝人性的东西，冷酷无情地反人民的东西。”

金兹堡在《风格与时代》的第四章之末说了一句话：“跟现代技术和经济的一致化力量相比，当前地方的和民族的特征太微不足道了”，这成了他“跟帝国主义搞统一阵线”的罪证。查宾柯说：“这话里包含着对于堕落文化的极端狂妄的赞扬，对于资本主义美国公然的谄媚；……用极端错误的、在政治上有害的观点、世界主义的毒药，……公开出来为丑陋的、片面的、反人类的美国文化及其所谓进步辩护，加以崇拜。”

查宾柯欢呼对结构主义的“致命打击，把它击溃”。他说：“结构主义的溃灭就象征着由那垂死的资本主义文化的国家传到苏联的艺术上极端反动派的溃灭，也就是反人民的形式主义艺术现象之一的溃灭。”

但是，他“高兴得太早了”。50年代中叶，苏联建筑终于彻底“击溃”了复古-折衷主义，重新走上了现代建筑的康庄大道。那一个霸道的时期过去了，但那一段历史不能忘记。任何一部科学的建筑史，都不能回避这一章。在我买到《风格与时代》之前，我憎恶《苏联建筑艺术的现实主义基础》，在读了《风格与时代》之后，我珍惜起查宾柯的那本书来了，对着我画在它扉页上的一根狼牙棒，莞尔而笑。

在很长一个黑暗时期里，我们听惯了操狼牙棒的打手们像念咒一样得意地复诵两句古诗：“沉舟侧畔千帆过，病树前头万木春”。他们懵懵懂懂，以为谁是沉舟，谁是病树，都已经由英明的“上面”钦定，他们只顾忠诚地一路杀将过去就行了。现在，看到了真正千帆竞过、万木争春的气象，他们应该多少知道一点历史的伟大力量。

陈志华
1989年10月

附录1*

苏联早期建筑思潮——兼论我国现代建筑

陈志华

20世纪50年代前期和中期，有谁说，三四十年代的苏联建筑的实践和理论都有一些缺点和错误，那可不行。50年代末期和60年代初期，谁要说，三四十年代的苏联建筑，有不少成就，有一些开创性的经验，也不行。再过几年，苏联建筑的过去和现在都成了禁区，“善箝尔口”，谁都不好轻易说说了。

现在，人人都在说“实事求是”，看来到了改变这种学风的时候了。有些同志，觉得咱们的建筑界太缺乏生气，建议我写一写苏联早期的建筑思想斗争，好从那里得点经验教训。我接受了这个建议，写一点试试。

正在我酝酿这篇文章的时候，《建筑师》在创刊号上重新发表了刘秀峰的《创造中国的社会主义的建筑新风格》。这篇文章很不赞成介绍苏联早期的建筑流派，说这样会“把苏联建筑无形中说成一团糟，这不是辩证唯物主义的观点，不是无产阶级的立场”。这是1959年说的话，现在如果作者还健在，大概不会这样说了。我希望以后再也不要有人采用这种吓唬人的态度，这样抹杀历史的态度。我们搞学术工作，研究古

* 为了帮助读者更好地理解金兹堡的这本书，我把近年写的两篇介绍苏联早期建筑界以至一般文化界的情况文章分别作为附录1、附录2收进这本书里。以勾画出这本书写作的历史背景。

今中外的建筑的历史，既不是为了给谁贴金，也不是为了给谁抹黑，我们只不过想变得更聪明一点，能够给人民多做一点工作，做得好一点。

写这篇文章也真难。前些年，苏联人的学风不正，学术工作一边倒，评论起什么事情来，官方说好的什么都好，官方说坏的什么都坏。自从30年代后半期，一些建筑流派被一棍子打倒之后，人人口诛笔伐，而且文格低劣，只看见一连串的“上纲”，至于被批判的人到底主张什么，不肯教人看出来，更不用说联系历史条件，对那些流派做点儿分析了。另一方面，又把一批专搞折衷主义的“大师”吹得天花乱坠。所以，我们要研究这一段历史，资料可不大好找，只能东一鳞，西一爪，慢慢儿地收集。

正文开始之前，先写上这么一段，也是有所感而发，算不得废话。

（一）

这篇文章要写的是从十月革命初期到30年代中叶苏联建筑界的思想斗争。所包括的内容，主要是关于建筑本身的，也就是说，不包括那些由建筑以外的因素引起的争论，例如：公社大楼还是独家住宅，箱形舞台还是全景剧场，等等。

这段时期的建筑思想斗争非常复杂。历史在这里绕了一个大弯。复杂和绕弯的地方，经验和教训最多，最值得咱们研究。

为什么复杂？根本的原因，是十月社会主义革命跟建筑业里的工业革命赶在一块儿了。社会主义社会里，建筑应该是什么样子，这个从来没有人知道的新问题，够复杂的了。再加上，建筑业要从几千年的手工业变成现代化的大工业，建筑学要从艺术变成科学，有多少旧观念和旧手法要扔掉，要改造，有多少新观念和新手法要探讨。建筑师的情况怎样呢？一方面，一批有经验的建筑师，过去给沙皇、阔佬、教会干活，搞惯了折衷主义和新古典主义，革命之后还打算照老样子干下去。他们代表保守势力。另一方面，一批下决心要革新的建筑师，大多数还年轻，经验少，又不大分得清楚：当时正在全欧洲上劲的各种艺术流派，有哪些对的、好的成分，有哪些是资产阶级文化里的堕落东西，它们跟建筑革命应该是什么关系。各种主张的人，叫起阵来，学术争论都用上政治斗争的字眼儿，不但有左的、右的，资产阶级的、无产阶级的，甚至还有革命的、反革命的、马克思主义的、机会主义的。这么一来，问题就更加复杂了。

十月革命，大大冲击了整个旧世界。传统观念的动摇，当然有利于建筑的革命。20年代，跟整个文化界一样，建筑界里，各色各样革新派大大占了上风。折衷主义者和新古典主义者这时候很不得势，有不少人转到革新派这边来。但是，30年代中期，新古典主义杀了个回马枪，在以后20年里占了统治地位。历史在这里绕弯的主要原因，是全苏联搞起了对“伟大领袖”的个人迷信。在各个领域都推行过度的集权制，用行政命令指挥一切，把列宁在世的时候那种生动活泼的局面破坏掉了。个人迷信同新古典主义是有不解之缘的，因为现代迷信接的是封建迷信的茬，而古典主义建筑则十分典型地体现着封建专制主义的意识形态。

19世纪中叶以后，俄罗斯的建筑同西欧的一样，主要是折衷主义的。这一派的实力很强。不过，经过1861年的改革，俄国的资本主义经济发展很快，所以，新建筑也抬了头，“理性建筑”的理论出来了。刚进20世纪，西欧的摩登主义传到了俄国。十月革命前几年，又传来了蒙德里安（Piet Mondrian）那些人的“史提儿”（De Stijl）。所以，革新派也有点根（见本文附录）。不过，对革新派影响顶大的，是20世纪头一二十年里西欧资产阶级艺术的几个流派：立体派、未来派、表现派（象征主义）。

立体派和未来派都想把自然科学和工业技术引进到艺术里来，引进了一些观念、思想和手法。立体派要把对象分解成最基本的几何形，要深入到对象内部去表现它的结构，要表现它在各个角度、各个时间的变化。未来派要歌颂“科学的和机械化的时代”，要表现速度和运动、力和时间。这两派都号召跟传统文化彻底决裂。十月革命前后，正是破旧立新的时机，立体派和未来派的这些主张很能吸引人，这两派就成了“左”的，“革命的”艺术流派。尤其是未来派，它提倡歌颂“革命的”政治运动和社会运动，而且它的成员对十月革命的态度确实很积极，所以势力很大。

在“史提儿”、立体派、未来派这些艺术思想影响之下，1913年，在俄罗斯形成了一个艺术派别，叫作“至上主义”（Супрематизм），它的主要成员是些画家、建筑师和工程师，领袖人物是康定斯基（B. B. Кандинский）、马列维奇（K. C. Малевич）和塔特林（B. E. Татлин）。他们认为，艺术家应该创造新的物体，而不要去画那些已经存在的物体。艺术作品绝不能像传统的绘画那样，只是平面的图像，而应该是立体的构筑物。这构筑物不必追求和谐、美丽，只要表现运动，表现一种作用，例如，力的作用。还要表现所谓内在的倾向，指的是稳定或者动势之类。这种艺术不追求什么意义，所以马列维奇又把至上主义叫作“无目的主义”。他们创作出来的构筑物，看上去是立体主义的变种，用立方体、圆柱体、锥体等堆积起来的。

1920年3月，塔特林和罗钦可几个人从至上主义里转化出来了一个“构成主义”，组织了“构成主义者第一工作队”。构成主义是什么？“左翼艺术战线”的机关刊物《左翼战线》登过一篇宣传的文章。它说，构成主义“不是浮浅的唯美的产物，不是各种形象的创造，而是把材料合乎目的地构造起来。所谓目的，不是它自己的目的，而是内容的意思。‘内容’这个词，换成‘使命’的话，那么诸位就可以把问题弄明白了”。构成主义者说，艺术已经死亡，又说，“我们向艺术做不调和的斗争”。他们说，绘画是资产阶级的艺术形式，无产阶级的艺术，在钢铁和机器的时代，应该由工人在车间里用机器制造出来。起先，他们在工作室里把木板、树皮、铁丝、云母片、玻璃之类的东西组合成各种抽象形体，用的是金工和木工工具。到1921年，构成主义者进一步指出，无产阶级的艺术形式是工业化生产的工艺美术。他们纷纷参加了日用工业品的设计，力求生产效率高、成本低、方便合用。

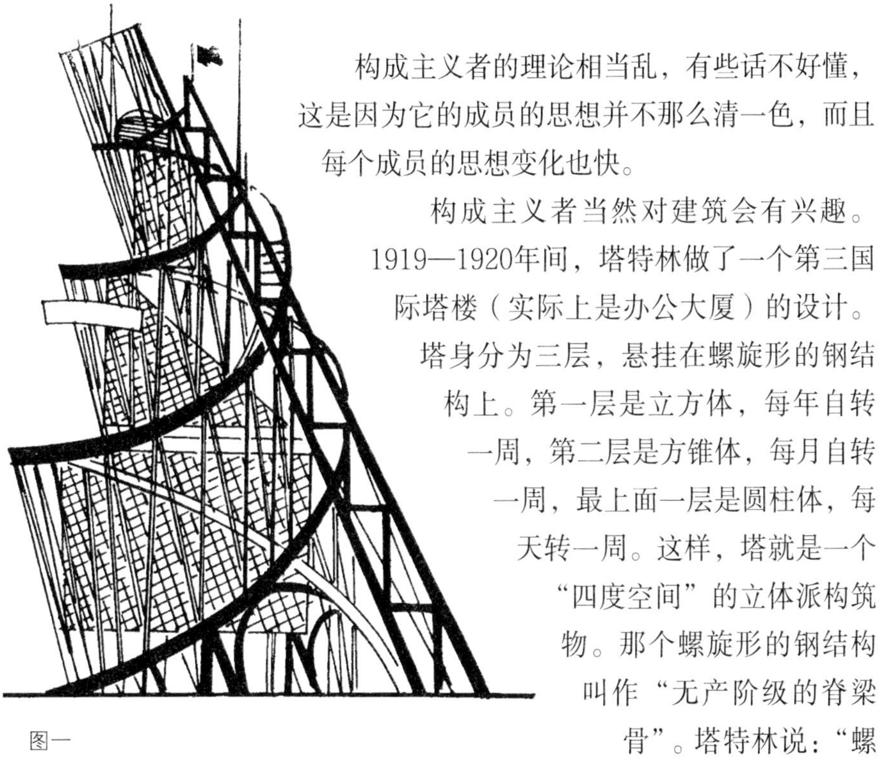

图一

构成主义者的理论相当乱，有些话不好懂，这是因为它的成员的思想并不那么清一色，而且每个成员的思想变化也快。

构成主义者当然对建筑会有兴趣。1919—1920年间，塔特林做了一个第三国际塔楼（实际上是办公大厦）的设计。塔身分为三层，悬挂在螺旋形的钢结构上。第一层是立方体，每年自转一周，第二层是方锥体，每月自转一周，最上面一层是圆柱体，每天转一周。这样，塔就是一个“四度空间”的立体派构筑物。那个螺旋形的钢结构叫作“无产阶级的脊梁骨”。塔特林说：“螺旋线代表人类解放运动的路线，螺旋形是解放理想的表现。它用脚后跟踏着地面，从地面上腾身而起，成为抛弃世界上一切卑劣龌龊的事物的标志。”（图一）

另一个自称为构成主义者的人，纳乌姆·派夫斯纳（Наум Певзнер），在1919年做了一座无线电台的设计，在莫斯科郊区的赛尔普巧夫（Серпухов）。这个设计里，据说体现了立体派的所谓“动的表现”“动的变形原理”和“视点移动原理”。建筑物是斜的，窗和门都是曲曲折折的。上面向前突出，下面安着轱辘，可以左右旋转，自由活动，像一架起重机。

这两个设计完全是空想。设计人根据的，并不是建筑本身的发展所预示的什么可能性，因此也算不上科学的想象。可是，当时居然大吹大擂，把它们宣传得很热闹，第三国际塔楼的图样印成了招贴画，甚至印到了邮票上。

至上主义的另一个代表人物——马列维奇，他和李西茨基一起，在1919年组织了一个团体，“新艺术协会”（УНОВИС）。这些人专门研究面、体、空间的构图，把它们互相穿插着搭起来，造成什么永恒的动态或者静态，表现什么运动的方向之类。1920年之后，他们也研究建筑，不过，跟塔特林不一样，他们反对“功能和技术的教条”，弄的是抽象的空间构图。他们认为，建筑设计的问题，无非是给每一种类型的建筑搞出一套它特有的空间组织来，与众不同。每个设计，内部空间彼此适应，形成整体，这就是“有机的”“自然的”。所以，他们说，一个理想的建筑学，会影响到人类之间的关系，使世界和谐。他们创作的，都是一些用最简单的几何形组成的立体构图。

马列维奇设计过工人俱乐部，李西茨基设计过“列宁的讲台”（图二）。

新艺术协会一直存在到1929年，后来也被叫作构成主义者。

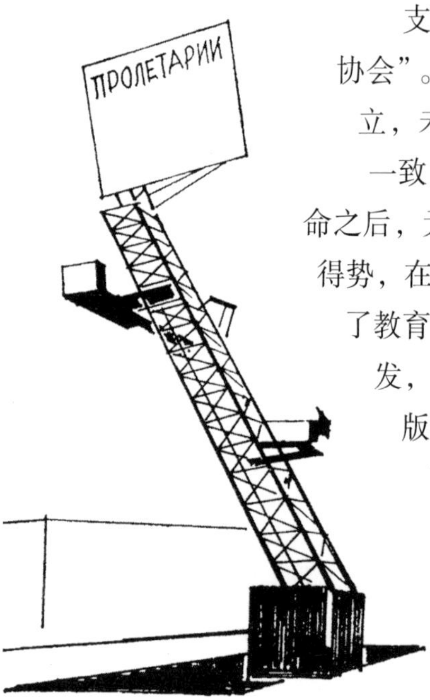

支持构成主义者的，是“无产阶级文化协会”。这个组织在1917年二月革命之后成立，未来派的人很多，观点跟构成主义者一致，自封为纯粹无产阶级观点。十月革命之后，无产阶级文化协会的人们在文教界很得势，在卢那察尔斯基的保护之下，他们掌握了教育人民委员部的艺术文化司，从这儿出发，他们掌握了一批学校、宣传机构、出版物，甚至掌握了这方面的全部经费。1920年，俄共（布）中央根据列宁的意见，批判了无产阶级文化协会，艺术文化司改组了。塔特林他们从1921年起去搞工艺美术，马列维奇还搞一点建筑，大概跟这件事有点关系。

图二

康定斯基、塔特林、马列维奇、李西茨基这些构成主义者，在西欧办过展览，那边的刊物经常介绍他们，他们在西欧的影响很大。格罗庇士（Walter Gropius）主持的包豪士学校，受他们的影响就很深，以至于包豪士似乎都染上了红色，后来纳粹很不喜欢它，办不下去了。

构成主义者的主张，对造型美术说是片面的，但对现代建筑的美学观念和构图手法有积极的贡献。不过，这种贡献是间接的，因为他们毕竟没有创作过真正的建筑物。

列宁是反对立体派、未来派这些艺术流派的，一次又一次地批判过它们，说他们“使工人养成荒谬的、歪曲的趣味”。不过，列宁对苏俄早期文艺界产生了那么多流派的原因，看得很清楚，了解得很深刻，他对这些流派的作用，有所肯定，对他们创新的努力，有所同情。1920年，列宁对蔡特金说：“那种觉醒，也就是那种将在苏俄创造一种新的艺术和文化的力量的活动，是好的，是很好的。这一发展的猛烈的速度是不言而喻的，并且是有用的。我们必须而且一定会弥补几世纪来所忽视的东西。混乱地激动，狂热地寻求新的解决办法和新口号，今天赞美某些艺术和精神的倾向，明天把它们钉在十字架上！那一切是不可避免的。”（蔡特金：《列宁印象记》，三联书店，1979年，9—10页）

因此，列宁并没有用行政命令的方式去禁止哪一个流派，去扶植哪一个流派。他让它们存在，自由地争论和竞赛。这种民主的办法，造成了20年代苏联文化界，也包括建筑界十分活跃的探索、创新的风气，造成了积极、生动的思想潮流。

（二）

1924年以前，苏联的社会主义建设还没有展开，建筑活动的规模很小，所以，探索新建筑，暂时还只能在图面上。这样，学校的地位就很突出。整个20年代，苏联建筑界最重要的流派集中在莫斯科的高等艺术技术学院（BXУTEMAC，1927年以后改称 BXУTEИH）里，学术上的民主空气，也集中表现在这个学校的工作里。这所学校当时所起的作用，很像德国的包豪士学校。

十月革命不久，1918年，把以前的莫斯科绘画、雕刻和建筑学院同斯特洛迦诺夫斯基艺术工业学院合并，成立了第一、第二国立自由艺术学院，主要的教师有茹尔多夫斯基（И. В. Жолтовский）、舒舍夫（А. В. Щусев）和雷尔斯基（И. В. Рыльский），都是当时已经成名的建筑师，搞折衷主义和新古典主义的。

内战结束之后，为准备建设，立刻抓教育工作。1920年11月29日，列宁亲自签署了俄罗斯人民委员会的决定，把国立自由艺术学院改组成高等艺术技术学院。这个决定里说，艺术教育要跟技术教育结合，为国家工业化培养人才。这个把艺术跟现代工业技术结合起来的思想，以后贯彻在高等艺术技术学院的全部组织和教学工作里，起了很大的进步作用。

1919年，格罗庇士刚刚在魏玛的包豪士学校提出艺术跟工艺相结合的办学方针。他的教育思想在1923年之前还没有成熟。所以，莫斯科的高等艺术技术学院，大体上跟包豪士并驾齐驱，在世界上领先。它们之间互相影响。1930年，高等艺术技术学院的建筑系同莫斯科高等技术学院的建筑系合并，成立莫斯科建筑建设学院（МАСИ），1933年，改名莫斯科建筑学院（МАИ）。包豪士是1932年被纳粹封闭的。它们俩可以说同始同终。

除了建筑系之外，这所学校还有纺织、陶瓷、金工、木工四个实用美术系和绘画、雕塑两个造型美术系。一、二年级是预科，全体学生学习基础美术；三、四年级分专业。

莫斯科高等艺术技术学院提倡学术民主，允许各种流派同时活动，而且给他们教学和实验的机会。

它的教师，什么思想倾向的都有。在建筑系，有折衷主义的领袖舒舍夫、茹尔多夫斯基；有追随马列维奇的拉铎夫斯基（Н. А. Ладовский）和多库查也夫（Н. В. Докучаев）；也有构成主义者维斯宁兄弟（А. и Л. Веснины）和金兹堡；还有受未来派影响很深，想象力很丰富的美尔尼可夫（К. С. Мельников）。康定斯基、马列维奇、塔特林，都参加过这所学校的领导工作。

未来主义这时候在苏联文化界得势，莫斯科高等艺术技术学院的学生们大多数倾向未来派。因为在政治上，这派主张，艺术应该跟革命的步调一致，要从博物馆走到大街上，要动员群众参加革命斗争，他们也积极地从事节日游行队伍的设计，装饰城市，作宣传画，给群众集会布置会场，等等，年轻人哪能不喜欢它呢？

1921年2月25日外，列宁亲自到学校来看望学生们。他问学生们："你们在学校里做什么呢？一定是在跟未来派做斗争吧？"大家又同声地回答说："不，弗拉基米尔·伊里奇，我们都是未来派。""啊，原来是这样！这个问题很有趣，应该和你们争论争论，不过我暂时不打算这样做，因为我辩不过你们，关于这方面的材料我读得还不多，我一定要读，一定要读，一定要和你们争论争论。""弗拉基米尔·伊里奇，我们可以给您一些材料看。我们担保，您也会成为一个未来派的。您是不会支持那种陈旧的、腐朽的废物的，何况未来派是现在唯一和我们一起前进的一群人，而所有其他的人全都跑到邓尼金那儿去了。"弗拉基米尔·伊里奇放声地大笑起来。"我现在简直怕和你们辩论，应付不了你们啊！等我读了材料以后，那时再瞧吧。"（列宁：《论文学与艺术》，人民文学出版社，1960年，卷二，983页）

这一件事，不但把当时青年学生的思想状态表现得很生动，而且非常生动地表现了列宁对待学术争论的态度。列宁不赞成未来主义，可是他不采取简单粗暴的办法去压制，他主张有根有据地辩论。

学术上有民主，教师跟学生就精神振奋、热情高涨、思想活跃。他们在艺术上创新，就是他们对社会主义革命和建设的积极性的表现。创造新事物和粉碎旧社会，在他们看来是一回事。在这种情况下，莫斯科高等艺术技术学院的教学工作，抛弃旧的美术学院的老一套，大胆革新，走全新的路。

教师们鼓励学生标新立异，自觉地去建立自己的创作个性。一个教师，光教给学生许多现成的知识是不行的，更重要的是启发和培养学生的创造性。教基础课的美尔尼可夫回忆他的一堂课说：学生们“所有的作业交进来之后，我把全体学生召集到教室里，拿起粉笔，把在场的人的名字都写在黑板上。然后，我叫每个人在他的名字后面签字。我说：你们看你们的名字，我写出来，都一模一样，而你们每个人的签名就各不相同。你们做设计就应该这样。”

三四年级的学生，通过专业课，逐渐接触实际问题。在教学过程中，教师强调问题的复杂，强调设计会有许许多多种可能的方案，鼓励每个人去探索。让学生知道，各种各样的方案各有长处和短处，没有十全十美的。在教师的启发之下，学生的作业都极其大胆，很有独创精神。当然，那时候整个国家的建筑实践还很少，纸上谈兵，这些作业不免过于空想。

教师们不但在专业上努力探索，在教学工作上也不断探索新方法，而且把自己在专业上探索的成果直接充实到教学里去，不搞什么统一的教学大纲之类的死东西。1922年11月，美尔尼可夫同各洛索夫（И. А. Голосов）倡议设立一个新部门，就叫“新学院”，在里面试验他们新的教学方法。拉铎夫斯基在一二年级教基础课，应用了他钻研的心理分析的方法。他诱导学生独立工作，使用他们的直觉，发展造型的想象力，尤其是组织三度空间的想象力。要学生熟悉节奏和韵律、色彩和表质。训练从平面下手，慢慢地学习处理立体和空间。1928年，拉铎夫斯基在高等艺术技术学院里建立了一座实验室，设计了一些特别的装置，由建筑师克鲁奇可夫（Г. Т. Крутиков）协助，做了许多试验，测定人们的心理技术素质，测定各种形、体和空间对各个人的心理影响。建筑师拉夫洛夫（В. В. Лавров）说：“实验室工作的主要目的，是要奠定一个科学基础，提炼概念，引进一个新的词汇表，并且使现有的那个适应新的建筑技术、形式和新的社会家庭生活。”

莫斯科高等艺术技术学院，重视设计大量工业化生产的、又美又实用的日常用品，例如，折叠床、家具、炉子、五金、厨房器具、布匹之类。讲究它们的生产效率和使用效能，讲究经济。为了让学生熟悉它们的生产工艺，在学院里设了几个车间。建筑系也是这样，有一些教师很重视建筑的新材料、新结构、新技术，重视建筑的工业化。拉铎夫斯基研究工厂预制的装配式建筑，金兹堡研究大规模住宅建设，维斯宁研究工业建筑，他们都探讨由现代化大机械工业造成的新的审美观念、新的造型手法。

教师各有流派，五花八门，学院并不打算把他们的思想“统一”起来，创作“综合”起来。他们各自按照自己的观点参加设计竞赛，或者承担生产任务。二三十年代，苏联各个建筑流派斗争非常激烈，而且最主要的代表人物都在这个学院里。

当然，意见分歧太大，有些教学工作没法儿做。1923年10月23日，通过了一则关于建筑系的规定，说：“建筑系根据思潮分为两组，一组是学院派的，一组是探索建筑中新趋向的。这两个组在教学方法和研究问题的态度上完全自主。”

为了进一步发挥流派的特色，允许一些教师成立工作室，一部分高年级学生就在这类工作室里学习，一直到毕业。舒舍夫、维斯宁兄弟、拉铎夫斯基、多库查也夫、克林斯基（В. Ф. Кринский）这些人，都有工作室，主攻不同的课题。

学院的教学工作非常活跃，不死守呆板的规章制度，再加上学术气浓，很有利于发现人才，培养人才。最生动的例子是列昂尼达夫（И. И. Леонидов）的经历。他在1921年进莫斯科高等艺术技术学院，在维斯宁工作室学习。学生时代就加入了维斯宁倡议组织的现代建筑师协会，并且在协会的刊物《现代建筑》的编辑室里和金兹堡一起工作。他看出了现代建筑师协会的危机：他们的构成主义有可能僵化成一种新的公式。于是，他在理论上重新加以解释，使它不致沦落为形式主义，对现代建筑师协会的发展和团结起了大作用。从1925年起，列昂尼达夫参加设计竞赛，几次得奖，有农家住宅改进方案，明斯克大学校舍等。1927年，他做了莫斯科的列宁学院的设计（图三），构思很新颖，维斯宁大为赞赏，夸奖它是新建筑的起点。这方案用最直接的方式使新结构和建筑功能成为造型因素。列昂尼达夫在学校里才华出众，1928年，他本来是助教，学生们一致把他哄抬成讲师。

图三

毫无疑问，在莫斯科高等艺术技术学院的教学工作里，教师的理论和创作都有不少空想的成分，有一些幼稚的热情，也传染了一些西欧资产阶级哲学和艺术里的错误东西。不过，它提倡自由活泼的学术思想，没有像后来的莫斯科建筑学院那样，把错误的东西变成官方的教条，因此，它给苏联，甚至给世界，提供了许多有价值的新鲜思想。

由莫斯科艺术技术学院的教师跟学生组成的几个建筑团体，在苏联早期建筑思想史里占着最重要的位置。

（三）

20年代和30年代初，苏联的建筑思想很复杂，流派很多。大体可以按照建筑师组织的团体来划分，不过也不能看得太刻板。这些团体，或者说流派，内部未必统一，而且成员有进有出，多少有点儿变化。他们的主张、口号，跟他们的创作实践有时候也不完全一致。就说年轻的革新派吧，一般是说得挺急进，竞赛方案空想得吓人，而真正搞起实际设计来还比较谨慎。

这段文章的写法，还是拿些团体当线索，这样清楚一点儿。

1922年，莫斯科建筑学会（MAO）首先恢复活动，以舒舍夫为主席。曾经想成为全俄罗斯的组织，没有成功。同时，也成立了彼得格勒建筑学会（ПОА），后来改为列宁格勒建筑学会（ЛОА）。这两个学会的性质和工作差不多，保护建筑师的权益，组织设计竞赛，呼吁保护古建筑，出版刊物，办学，等等。

它们的主要成员都是十月革命前已经成名的建筑师，大部分是折衷主义者和新古典主义者。他们不谈什么理论，无所谓什么思潮，只顺着老路走。不过，他们技巧熟练，经验丰富，有点儿名望，所以头面人物受到尊敬和重用，这种情况，无非是一种历史的惰力。

其中有一些人，从20年代后半到30年代初，在革新派势力大盛的时候，曾经弃旧图新，例如舒舍夫、舒科（В. А. Щуко）、鲁德涅夫（В. П. Руднев）几个人。他们做过一些好设计。1925年，舒舍夫设计的莫斯科中央电报大厦，1927年的玛采斯达（Мацеста）疗养院，都基本摆脱了折衷主义。1926年，舒舍夫在第一届土建工作者代表大会上说："……我们在造型的时候，必须从结构本身直接产生出最简单的形式来。"说得很干脆，甚至有点儿过头。不过，他在前面安下一个前提："现在我们不能奢侈"。那就是说，他的建筑观念并没有改变，一旦富裕起来，建筑还要珠光宝气。后来，他确实这样走了回头路。

福明（И. А. Фомин）相当有生气。十月革命一胜利，就认识到不能再照老样子办事了。1919年，他做了一个劳动宫的设计，虽然有很强的浪漫主义激情，不过，完全用的是多立克柱式。1922年之后，他着手创造一种所谓"无产阶级古典"，就是把古典的多立克柱式简化，柱子是上下一样粗，而且经常用双柱，檐部是一段光光的水平带。"无产阶级古典"的代表作是莫斯科的苏维埃大厦的设计（1926）（图四）。这种"无产阶级古典"没有生命力，因为它只不过为新而新，为风格而风格。福明所想的，是古希腊的民主制度和"柱式能够使构图严谨，有条理"。他认为，多立克柱式能够表现无产阶级的"严肃"和"朴实"，只要稍稍简化一下，就能适应新的技术。福明对二三十年代建筑革命的意义理解得不深。这场革命，是建筑业里的工业革命，是要建筑向当时先进的机器业看齐，讲求效率，讲求效能，讲求科学，尽快采用新技术、新材料，在这个基础上，产生新的建筑艺术。这就不是简化古典柱式的事儿。到20年代末30年代初，福明做了一些很好的设计，向前迈进了一大步，例如，什列士诺沃兹克（Железноводск）的疗养院（1928）。

图四

茹尔多夫斯基和塔玛尼扬（А. О. Таманян）在新事物面前简直是麻木的。他们对十月革命，对20世纪工业技术的大发展，对当时建设新生活的热潮，好像没有什么感觉，死守着他们的老一套。1923年，茹尔多夫斯基设计的全俄农业与手工业展览会大门，是用木枋子和木板子钉的，他居然也要模仿古典建筑。不但整体像古罗马的凯旋门，中间还要做假的券洞，用木板子充券面的石块。1927—1929年造的莫斯科涅格林大街（Неглинная улица）上的国家银行大厦，里里外外，就像一幢意大利文艺复兴时代的府邸，地地道道，一点儿都不含糊。

塔玛尼扬在亚美尼亚首都埃里温附近的桑吉河（Река Зангу）上，造了一座小小的水电站（1923），用大石块把它搞得像古代的教堂。1935年，他写文章说："从1923年起，在我所有的工作里，我试图应用过去的文化遗产……我努力寻找民族建筑形象中和社会主义内容联系的处理方法。"民族遗产，可用则用，何必花那么大力气，把它当包袱背起来？和社会主义内容联系的处理方法，主要靠革新才能找得到，民族遗产里能有多少？当时，政治社会的大革命和建筑的革命，都要求大刀阔斧地创新。要创新，就得突破旧传统，就得抛开过了时的什么遗产，否则，就迈不开步子。塔玛尼扬同茹尔多夫斯基一样，代表着因循守旧的势力。

比较起来，列宁格勒的建筑学会比莫斯科的更加保守。他们在20年代中叶，批评莫斯科建筑学会“向西方投降”了，大多数人拒绝参加莫斯科建筑学会组织的一次设计竞赛。其实，20年代的建筑革命，其中基本的动因和成果，既不是西方的，也不是资产阶级的，而是有普遍意义的，它们反映着建筑发展的必然过程。列宁格勒的折衷主义者们对这个过程一点也不了解。1929年，列宁格勒艺术学院建筑系的汇刊里说：“古典的传统，也就是以过去和现在的文化观点认识整个现代建筑艺术的传统，在本学院里是有生命的，而且成为本学院范围内创作真正的、风格更新颖的建筑艺术的坚实基础。”古典传统不但“有生命”，而且要成为创作真的新风格的“坚实基础”，这些人的思想僵化到了多么惊人的程度。

革新派也是鱼龙混杂。同西欧的现代建筑一样，他们在造型上是从当时的新派美术得到启发的。西欧的现代建筑，从绘画得到启发之后，很快发展了自己的艺术手法，独立前进，创造了大成绩。因为他们正赶上第一次世界大战之后，各国迫切需要大量的房子，不得不追求工业化，建筑革命的步伐就快了。可是，在苏联，建筑长期没有摆脱新派美术的纠缠，无法独立前进。这是因为，第一，十月革命之后又遭到外国武装干涉，接着发生内战，所以，建筑的实践活动少；第二，新美术用了许多动人的字眼，“左的”“无产阶级的”“革命”，等等，号召力很大。

革新派的第一个组织是“新建筑师协会”。1919年拉铎夫斯基和多库查也夫几个人组成了“画家、雕刻家和建筑师联合会”（ЖИВСКУЛЬПТАРХ）。1920年，其中的建筑师成立了独立的小组。1921年，他们跟艺术文化所的左翼建筑师联系上了，1923年，一起正式成立了新建筑师协会。这个组织的领袖人物是拉铎夫斯基，后来，李西茨基也加入了。重要的成员有多库查也夫、罗钦可、克林斯基等。

主要的出版物是《论坛》(*Форум*)，1926年之后还有一本《新建筑师协会新闻》。

新建筑师协会的基本主张，就是把马列维奇和李西茨基的至上主义（后来也叫成构成主义）的抽象构图艺术应用到建筑里来。这种构图，作为独立的造型艺术是片面的，他们最多只不过研究了造型艺术里的形式因素。但是，对这种形式因素的研究，在建筑里是大有用处的。拉铎夫斯基主张，建筑师在设计的时候，要保持建筑物的单纯的几何性，把它们变成艺术品。认为建筑师当时面临的最主要的课题，是了解空间。

在新建筑师协会成立之前，1921年，艺术文化司的建筑师们就发表过一个纲领，后来也成了新建筑师协会的纲领。这个纲领里说，他们希望“建立关于空间和形象的概念的客观准则，以便根据它们来设计建筑”。因此，这些人虽然说搞建筑，其实仍旧是搞马列维奇的构图，只不过要求这些立体的构图用新材料和新工艺来做，用机器在车间里做罢了。

这些人认为，建筑是由“建筑艺术”和“工程技术”两方面组成的。现代的工程技术已经十分完善，什么样子的房子都能造出来。所以，建筑师的任务就是追求建筑的艺术形式。他们说，要“辩证地”把经济、技术、造型和思想等因素在建筑中综合起来。这种“辩证的综合”，是要利用各种技术，创造出乎想象的造型效果，“在群众的思想上造成强烈的印象”。为了造成这种强烈的印象，必须研究“形式的各种要素，以及如何把这些要素跟建筑形式完全结合在一起的原则和方法”。

拉铎夫斯基的研究方法，是西欧流行的实验心理学（心理分析）的方法。他们在实验室里研究立方体、圆锥体、柱体等在人心里引起的直觉反映。开始的时候，他们追求一些社会性的反映，例如，说螺旋线象征辩证的运动，或者象征革命的思想。后来，他们说，这种反映“过分社会化”了，要不得。他们从实验室得到的结论是，建筑的艺术形式应当表现物理界和几何界的观念，例如重力、质量、弹性、运动，以及比例、尺度、节奏，等等。他们说，正方形是象征非运动的，半球形是象征安静的，水平线和垂直线能构成运动感，而半球形和锥体在一起构成永恒的静止。

新建筑师协会的许多人，并不真正研究建筑科学，他们对解决功能问题和技术问题兴趣不大，也不大会。他们给自己辩护，说什么“用建筑衡量建筑”，“人只不过是成衣匠的尺度，而不是建筑的尺度”。

因此，这些人实际上不可能做什么建筑设计，他们不参加当时很有影响的建筑设计竞赛，只能画些图。但他们在莫斯科高等艺术技术学院里很有势力，他们的学生，三、四年级还做一些瞭望台、灯塔之类的课题，为的是这些建筑物构图自由而且多变化。

20年代后半，建筑实践活动的规模大了，新建筑师协会的人们慢慢觉得他们那一套不行了，开始发生变化。到20年代末年，提出要把造型跟功能结合起来，也参加了建筑设计竞赛。仍然重视采用新技术和新材料。

不过，新建筑师协会的领袖人物，拉铎夫斯基本人，倒并不那么不切实际。他的社会主义觉悟比较高，从1920年起，就积极设计住宅区，1927年，搞过小城镇规划。他是苏联最早搞工厂预制装配建筑的人之一。20年代中期，他给莫斯科设计了一个预制体系，后来他在这方面做出很大成绩。

新建筑师协会在20年代末期的活动，特别是拉铎夫斯基的创作，赢得了“理性主义”的称号，多少洗刷了一点早期的形式主义的名声。

不过，拉铎夫斯基跟少数几个人，因为不满意新建筑师协会的好清谈、不务实际，在1928年脱离出去，另外组织了“革命的城市规划工作者协会”（APY），研究城市规划理论，也实际做住宅区、工业城镇和花园城市的规划。

新建筑师协会的历史作用，跟“史提儿”在西欧的作用相仿。它对新建筑的艺术观念和造型手法的形成起了促进作用。它的错误在真正的建筑实践里也在逐步改正。

跟新建筑师协会同时活动的是1925年成立的“现代建筑师协会”。这个协会的主要成员，有一些在20年代初亚历山大是构成主义运动的成员。1922年，亚历山大·维斯宁在艺术文化研究所发表过他的信条：“现代艺术家创作的东西，应该是纯粹的构成物，不要去表现什么别的物”，这就是构成主义的原理。他们搞过工业化生产的日用品的工艺美术设计，比新建筑师协会的人关心人民的实际要求。1922年，维斯宁兄弟做了莫斯科的劳动宫竞赛设计（图五）。这个设计鲜明地体现了这一支构成主义者的原则，内部空间是合乎功能的，外部形式是合乎内部空间的布局的，很简练，很新颖，没有不必要的装饰，不追求什么宏伟壮丽。可惜有点儿枯燥。

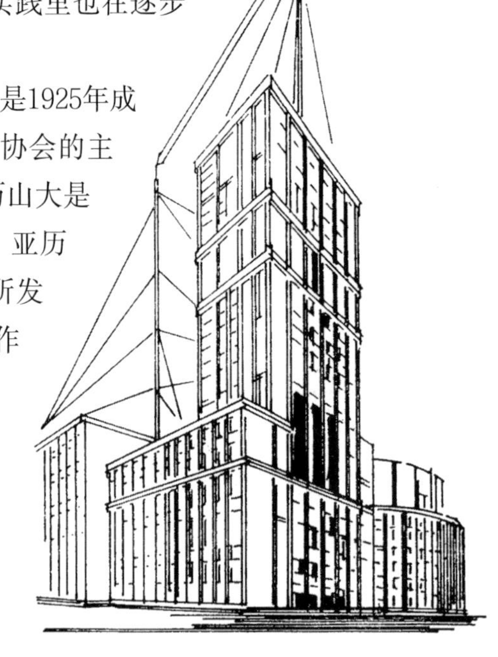
图五

亚历山大·维斯宁说，在设计这个劳动宫的时候，“提出了一个给新式的人民群众的宫殿建立建筑形象的任务。同时，我们认为，这个形象必定要通过真实地、建筑地组织平面，通过把社会的功能和实用的功能转化成反映房屋的内容的建筑艺术，才能建立起来。”他又说：“建筑并不需要别的艺术来拯救，它自己就应当美，应当有表现力。”

尽管当时的折衷主义头面人物舒舍夫竭力反对，维斯宁的设计还是得了奖，轰动建筑界。从此，维斯宁兄弟成了构成主义建筑师的领袖，以他们为中心形成了一个集团，以金兹堡为他们的理论家。在

1924—1925年间，这些人不断在建筑设计竞赛中得奖，成绩很大。于是，许多建筑师转向这一派。1925年，这些构成主义建筑师和“左翼艺术战线”里的一部分人，再加上列宁格勒的一个以尼各尔斯基（А. Ю. Никольский）为首的建筑师集团，成立了“现代建筑师协会”。

理论家金兹堡在早期的著作里，大体上还继承了“构成主义者第一工作队”的观点。例如，1924年出版的《风格与时代》里，他说：“在我们的世纪，只有机器的和技术的构成才可能是新的审美形式的唯一来源，建筑师只应当以机器构成为榜样，学习形式的构成的艺术”，因为机器构成中，“一切都是合理的，没有任何一点多余的东西”。他也用一种心理学的、象征的方法来研究形式。在这本书里说：“形式的存在充满极端猛烈的活动，充满在宇宙中反映两种正在进行斗争的自然力构成因素的两个基本原则的真正冲突，这两种力量就是：极度保守的水平和积极勇敢的垂直。”接着，他又说：“现代精神生理学规定，各种形式因素（线、面、体积），特别以它们的相互关系，使我们产生满足或不满足的情绪。”金兹堡的话有点儿神秘味道，暧昧不清，可以看出来，这时候的有些观点跟新建筑师协会的大多数人的还差不多。

维斯宁、金兹堡这些人，很快就能够清醒地看到，构成主义有变成一种形式主义的可能。所以，在现代建筑师协会成立之后，积极提倡功能主义，防止退化。虽然内部的分歧也很大，主流是要在建筑设计里把功能放在第一位，使用先进的技术。反对把建筑搞成纯艺术的玩意儿。他们说：“功能上完善的，看上去也必定是美的。”

有一次，卢那察尔斯基问维斯宁，他是不是重视推敲建筑形式。维克多·维斯宁回答说：“我所属的那个团体和流派认为，不能把一座房子分解成建筑艺术部分和工程技术部分。在具体的场合，形式只不过是结果，如果我推敲形式，那仅仅是说，我把一些满足基本的功能所必需的东西加工得更加精确，更加完善。”这段话表达了他们的创作原则。

现代建筑师协会的刊物叫《现代建筑》，由金兹堡主编。它猛烈批判新建筑师协会，也批判折衷主义者，自称为马克思主义者。

他们批判新建筑师协会还死抱住过时的观念不放，批判他们不搞实际创作。有文章说："一切用形象构图的方法去影响观念的企图，并没有使他们接近正在建设自己的生活的无产阶级的生产者心理，相反，倒是接近了无产阶级敌人的心理，一种建立在唯心主义和宗教前提下的有闲者的心理。"

金兹堡反对折衷主义，说："我们的目的就是要从根本上绝对地摧毁通常用教条方式确立起来的旧概念。"又说："不久之前存在于我们中间的美好的和生动的作品，只不过是蜡像而已。"

现代建筑师协会提倡工业化建造，标准设计，预制装配。它的成员积极参加工业建筑设计和教学，主张广泛应用新技术。他们热情地主张，应该以一个积极的社会主义者的态度对待新经济制度里的各种问题。

维斯宁兄弟在20年代末30年代初创作了一批水平很高的建筑物。最有代表意义的是德聂伯水电站（1927）（图六）和莫斯科汽车厂工人文化宫（1932）（图七）。

金兹堡认为，社会主义时代，建筑里最重要的问题是住宅问题。他研究住宅区、小区的规划，研究住宅的新形制和各种商业的、服务业的设施，研究家务劳动的社会化，家庭生活的公共化（图八）。他也研究大规模住宅建设的工业化问题，搞预制装配。30年代初，领一批人做了苏联第一个区域规划。

现代建筑师协会的成员，布洛夫（A. K. Буров）和各尔菲尔德（Я. А. Корнфельд），以后在工业化施工方面贡献很大。另一名成员巴尔什（М. О. Барщ）在1955—1956年间彻底推翻折衷主义的统治斗争中起了很大作用。

1931年，现代建筑师协会改名为"社会主义建设的建筑师协会"（CACC），不久，又合并到全苏建筑师协会里去了。这很短的期间，做了哈尔科夫歌剧院、斯维尔德洛夫斯克的剧场、莫斯科的真理报社等几个设计。维斯宁兄弟的哈尔科夫歌剧院设计，在各方面都是相当先

图六

图七

图八

进的。这时候，他们已经比较成熟，作品不再像20年代中期那样僵硬枯燥，在新的造型原则之下，他们的手法丰富多了。

这时期，他们继续研究劳动环境、工业布局、公社大楼、城市交通、城乡关系，等等。

现代建筑师协会的工作代表着建筑发展的主流，在当时属于世界第一流的水平。1927年，现代建筑师协会举办第一次展览会的时候，有外国建筑师参加。这一年，还参加了纽约的国际博览会。他们的作品和著作在西欧经常被介绍，对西欧现代建筑的发展起过促进作用。所以，纳粹党徒后来迫害德国的现代建筑的建筑师，理由之一就是说这种建筑是布尔什维克的建筑。

现代建筑师协会的构成主义者们，虽然成绩很大，不过，同西欧早期的现代派建筑师们的一样，他们也往往过分追求先进的结构和技术，在并不宜用钢筋混凝土框架的地方用它，在并不宜用大面积玻璃窗的地方用它，因此，常常造价过高，或者很不合用。一些二三流的人物，或者仍旧像新建筑师协会的人们那样，过分玩弄构图，或者设计得干瘪简陋。因此，现代建筑师协会也经常受到激烈的批评。

1928年年初，现代建筑师协会曾经倡议各派各团体联合起来，组成新的研究创作中心。但是，没有什么人响应。

1929年，在联共（布）党组织的支持下，一些年轻的建筑师组织了“全苏无产阶级建筑师协会”（ВОПРА），其中有阿拉比扬（К. С. Алабян）、符拉索夫（А. В. Власов）、莫尔德维诺夫（А. Г. Мордвинов）。以马扎（И. Л. Маца）为首。党组织在协助成立这个团体的时候，目的是培养无产阶级的专家队伍，因此，这些人就不免傲气十足，自封为真正的马克思主义者，真正的无产阶级，大搞宗派，同仁之间互相吹捧，而对新建筑师协会和现代建筑师协会猛烈攻击，把学术空气搞坏了。

他们批判新建筑师协会，说他们是“小资产阶级的机会主义”，哲学基础是反马克思主义的康德哲学，他们所追求的永恒的、绝对的美是世界主义的。他们说：“我们反对专门依赖实验室的方法求得抽象的建筑形式，而把对建筑物的要求胡乱地插进这些预定的形式中去，完全忽视建筑的结构、材料以及技术的形式主义。”

他们说现代建筑师协会是“反革命的”，不过比新建筑师协会更接近无产阶级。他们认为现代建筑师协会否认建筑形象对人的思想情绪的影响，是剥夺了无产阶级的武器，说：“我们反对蔑视艺术作用，蔑视艺术手段的构成主义。”他们批判功能主义是把机械论的方法错当作辩证的，他们说：形式被内容决定，但内容不仅仅是功能。

他们也反对“至今还在机械地模仿古旧的建筑样板，盲目服从古典的金科玉律的折衷主义”。

全苏无产阶级建筑师协会的这些批评，有的相当中肯。但是，他们自己的宣传很片面。他们说：“我们无产阶级的建筑，无论理论和实践，都必须以唯物辩证法为基础，然后才能发展。……无产阶级的建筑，不是奴役和支配的武器，不是静观的艺术，它是组织大众精神、把大众的意志和感情培养成为为共产主义而斗争的手段。它是建设社会主义和集体主义生活方式的艺术。”他们把建筑的根本属性搞错了，把建筑艺术的作用太过于夸大了，把建筑同造型艺术混为一谈了。所以，他们对其他流派的批评，虽然有切中要害的，但是，自己的基本观点不对，因此就不能充分看到其他流派正确的东西。他们的“唯物辩证法”的创作方法，没有具体的内容，他们自己的创作，同新建筑师协会的或者现代建筑师协会的，没有什么区别。

无产阶级建筑师协会的批判，反而促进了其他各派的联合。1930年5月，新建筑师协会、现代建筑师协会和革命的城市规划工作者协会，一起组成了“全苏科学建筑协会”（BAHO），这是一个松散的联盟，不取消各派原来的团体。后来，不少地方都发展了成员，几乎遍及全国。

这个协会的宗旨是“创造无产阶级的建筑”。在它存在的短短时期里，主要提倡了公社大楼，就是一种家庭生活公共化的住宅。在这方面做了不少理论的、科学的和技术的工作，做了一些设计。同时，在工农业里探索公社式的社会主义组织，研究“建筑的社会学”。

在20年代的建筑思潮中，还有一种工业化象征主义，也很盛行。十月革命后，尤其是内战结束后，人们对社会主义工业化抱着极大的热情。有一些人，划不清建筑同造型艺术的界限，总想直接用建筑物的形象来表现这种热情，表现社会主义工业化的远景，鼓舞人心。这种思想很容易跟未来主义结合，未来主义一向鼓吹表现工业化，表现科学和技术。1909年，《未来主义宣言》里说过，机械本身是最美的。苏联早期的一些艺术家们说，工人阶级是一切机械的直接创造者，机械美学是工人阶级的革命的美学。构成主义者虽然也是这么说的，不过，他们说的是机械工艺所产生的新形式。而有一些建筑师，却把机械本身的形象搬到了建筑上。1922年的劳动宫设计竞赛，大部分的方案都有象征性，把建筑的整体或者局部，做成无线电塔、起重机、齿轮、螺丝钉等的样子。大学生托洛茨基（Н. А. Троцкий）的设计得了第一奖，他的设计也是那样。这时期其他的设计竞赛里，也常常有这种工业化的象征主义。还有一些，则是把建筑物做得像锤子和镰刀，像五角星和火炬，像工人的头或者拳头，等等。

把建筑当作造型艺术看，强加给它许多只有造型艺术才能担当的任务，是苏联早期很有势力的一种观点。它打的旗号是反对“为艺术而艺术”，反对“无思想性的艺术”，提倡“反映革命的时代”，提倡“对群众进行社会主义思想教育”，所以，虽然它完全不适合建筑的本质，要克服它并不容易。一直到30年代中期，还有莫斯科的红军剧场，仿五角星，顿河上的罗斯托夫的歌舞剧场，仿拖拉机，都是真的造了起来。

由于苏联早期建筑思潮十分活跃，所以吸引了不少西欧的现代派建筑师到苏联来工作。其中著名的有勒·柯布西耶、道特（Bruno Taut）、梅（Ernst May）、孟德尔松（Eric Mendelsohn）和包豪士的教授迈耶（Hannes Meyer）。迈耶长期留在苏联，在城市规划方面做了许多工作。

这些流派和团体之间斗争很激烈。一方面出了二十多种刊物，在理论上互相批评，一方面，在大量的设计竞赛里较量高低。这时候，设计竞赛起了很大的作用，有一些是为了建造特定的建筑物，有一些，只是为了探讨一类建筑物的新形制，尝试一些新思想。这些竞赛大大鼓励了海阔天空的畅想，虽然有许多不切实际的，但是，好在有许多是很有创造性的。这时期，在大混乱中有大生机，可以说生气勃勃。

形势逼着建筑师去动脑筋，去想问题。舒舍夫有一次对维克多·维斯宁说："现在，没有一个新派的建筑师不是属于新建筑师协会、现代建筑师协会，或者革命的城市规划工作者协会的。早先，事情很简单，很明白：宫廷和贵族那些有权势的顾主，去找福明做设计；做买卖的阔佬去找茹尔多夫斯基；而教会的设计则大部分找我去做。我们之间没有争论，没有纠纷，我们各有各的领地。"这段话无意当中生动地刻画了折衷主义，也从反面说明，当时建筑流派的纷纷而起和相互竞赛，是社会关系大变革之后的正常现象。列宁在1920年对蔡特金说："想想沙皇宫廷的风气和情绪，以及贵族和资产阶级老爷们的趣味、爱好，对我们绘画、雕刻和建筑发展所施加的压力吧。在一个以私有制为基础的社会里，艺术家为市场而生产商品，他需要买主。我们的革命已从艺术家方面铲除这种最无聊的事态的压力。革命已使苏维埃国家成艺术家的保护人和赞助人。每一个艺术家和每一个希望成为艺术家的人，都能够有权利按照他的理想来自由创作，不论那理想结果是好的还是坏的。这样你就碰到激动、尝试和混乱了。"（见前引书，9页）说得多么准确。

早在1905年，列宁在《党的组织和党的文学》里就说过："无可争论，文学事业最不能作机械的平均、划一、少数服从多数。无可争论，在这个事业中，绝对必须保证有个人创造性和个人爱好的广阔天地，有思想和幻想、形式和内容的广阔天地。"（《列宁全集》，10卷，26页，人民出版社，1958年）1925年6月18日，俄共（布）中央通过了《关于党在文艺方面的政策》的决议。决议里说："党应当主张这个领域中的各种集团和派别自由竞赛。用任何旁的方法来解决这个问题，都不免是衙门官僚式的假解决。……党应当用一切办法根除对文学事业的专横的和不胜任的行政干涉底尝试。”（《苏联文学艺术问题》，人民文学出版社，1953年，8页）

在建筑方面，列宁和俄共（布）显然执行了同样的政策，鼓励竞赛，举办竞赛，所以才有了十几年那种生气勃勃的局面。

（四）

苏联的建筑，到30年代发生了重大的变化。

20年代苏联的建筑思想，十分活跃，十分勇敢，确实也十分混乱。有许多毫无根据的空想，有许多对建筑的基本作用的错误理解，有许多从西欧资产阶级现代艺术里引进来的错误观念。但是，看得出来，最有生命力的健康的东西也在迅速地生长、发展，而且越来越扩大影响，在实践中不断取得胜利。

建筑思想的混乱，在建筑实践很少的时候，很难澄清。20年代末30年代初，实行了第一个五年计划，社会主义建设逐步展开，建筑思想里的是非和曲直本来可以在实践里鉴别，错误和缺点可以在实践里改正。新建筑师协会的人们和老一代的折衷主义者的许多人，都已经有了很大的改变和进步，现代建筑师协会的人们，也在克服他们的片面性。

社会主义条件下，大规模的建筑实践必然需要建筑的工业化。社会主义革命和建筑的工业化一起，必然要引起关于建筑的观念和建筑形式风格的大变革，也就是说，必然会促进20世纪头几十年建筑革命的彻底胜利。

可惜，在30年代，苏联建筑发生了十分奇怪的矛盾现象。一方面，联共（布）第十七次代表会议在《一九三一年工业发展的总结和一九三二年的任务》中说，建筑业要广泛地开展机械化，要推行标准化、规格化和采用预制装配式施工方法；另一方面，又引导建筑师搞新古典主义、烦琐装饰和追求虚假的壮丽的纪念性，大开倒车，终于使得建筑的工业化迟迟不能进展，损害了社会主义建设。

造成这个历史现象的原因，大致是：

第一，由于形成了对“伟大领袖”的个人迷信，产生了在文学、艺术、哲学甚至科学等各个领域里建立权威的正宗理论和树立模式样板的领导方法。这种方法也推广到建筑创作里。

个人迷信造成的专制主义，必然鼓励封建时代为帝王将相服务的建筑传统，追求威严华贵，追求凛然不可亲近的纪念性。对建筑的社会任务的理解是陈旧而片面的。

个人迷信扼杀了生动活泼的探索性讨论。领导人的权力无限大，而对建筑的专业知识却很少，这就造成了灾难性的恶果。被封为正统的新古典主义的落后、错误，就难以揭露和纠正。虽然它造成了损失，但政权的力量维护它，人们只能赞颂它。

第二，封建时代官方的传统，把建筑同绘画、雕刻这些造型艺术相提并论。30年代，苏联在文学艺术里开展了反对资产阶级世界主义的斗争，反对当时西欧资产阶级的文学艺术的各种流派，反对它们否定古典遗产。由于建筑领域里封建传统复活，就把这些斗争生搬硬套到建筑领域里来了。从政治的考虑出发，要求苏联建筑大大不同于西欧各国的现代建筑，同它们“划清界限”。为了对抗资本主义世界的包围，产生了一种过分狭隘的心理，要求建筑继承俄罗斯的传统。但却只限于18世纪以后，也就是封建集权时代的古典主义建筑传统，虽然古典主义建筑也是从西欧传来的。官方不理解当时西欧各国正在蓬蓬勃勃开展的建筑革命的历史意义，甚至错误地把这场革命看作资本主义制度发展到帝国主义时代的现象，是腐朽没落的表现。

现代建筑在初期借鉴了当时立体派这类资产阶级造型艺术的一些理论和手法。这些手法，把它们当作造型艺术的本身，当然是不行的，但是，它们对建筑造型倒大有用处，它们使建筑比较容易摆脱传统的束缚，比较容易找到新的形式，适应大规模的工业化生产和复杂的现代化功能。它们能帮助建筑从造型艺术里解放出来，成为独立的技术科学。

然而，30年代，有人还是把建筑同造型艺术混在一起，弄到一场思想斗争里去了。

在30年代苏联建筑的大转变中，苏维埃宫的设计竞赛起了最消极的作用。

1922年12月，第一次苏维埃代表大会宣布成立苏维埃社会主义共和国联盟。大会通过了基洛夫的建议，为纪念这个历史事件，在莫斯科奥赫特广场（Охотный Ряд）建造苏维埃宫。1923年，举办了一次设计竞赛，不成功，大多数的设计是摩登古典，过于简单贫乏的功能主义，工业象征主义或者其他空想性的方案，连苏维埃宫的性质、内容和规模都没有弄清楚。

停顿了多年之后，1931年2月，举行了非公开的试验性设计竞赛，目的在于拟定设计任务书。当时只提出要有两个16000座的大会堂、一个6000座的中型会堂和一个两千座的剧场。地点在克里姆林宫和列宁山之间，莫斯科河边。约请了十多个国内外建筑师参加，包括勒·柯布西耶、格罗庇士、拜亥（Auguste Perret）、孟德尔松、皮尔石格（Hans Poelzig）、兰姆（William F. Lamb）、勃拉西尼（Armando Brasini）、克拉辛（Л. Б. Красин）、约凡（Б. М. Иофан）和茹尔多夫斯基等。没有一个方案中选。

主持竞赛的苏维埃宫建设委员会以莫洛托夫为首，有七十人，包括建筑师、工程师、文学家、画家、雕刻家、设备和施工工程师等。斯大林出席了审图会议，他提出，苏维埃宫应该有深刻的政治内容，使它能够配得上无产阶级革命时代，配得上共产主义事业的宏大规模。

同年6月，消息报上宣布举行国际性设计竞赛。竞赛纲领对苏维埃宫提出三点要求：一、要体现时代的特征，体现劳动人民建设社会主义的意志；二、要满足建筑物的社会任务；三、要成为苏联首都的艺术的和建筑的纪念碑。这个纲领显然是片面的，它把着重点放在艺术上，把功能非常复杂、需要用最先进的技术才能建造起来的苏维埃宫，基本上当作一座用艺术形象来反映某些概念的纪念碑。

收到了160份设计，有24份是外国的。方案五光十色，几乎包含了当时世界上所有的建筑潮流。就形式风格来说，有构成主义的简洁的几何体；有象征主义的，模仿五角星、拖拉机、地球、工人头颅、炼钢炉等；也有折衷主义的，模仿意大利文艺复兴府邸、哥特教堂、中世纪城堡、罗马角斗场等；还有一些则很像资本主义国家的商业建筑物和摩天楼。

还是没有选中任何一个方案。奖励了认为比较好的16个设计，其中三个得了特等奖。它们是约凡、茹尔多夫斯基和美国人汉弥尔顿（George A. Hamilton）设计的。约凡设计的是一个集中式的体型，用的是新古典主义的手法，茹尔多夫斯基仍然用意大利文艺复兴式，而汉弥尔顿的设计则是巴黎美术学院的那种古典主义。这三个特等奖虽然在艺术上并不一致，可是它们都是保守的，这已经预示出，折衷主义和新古典主义将要在以后得势。

苏维埃宫建设委员会的领导成员之一，卢那察尔斯基，鼓励新古典主义。他用批判的眼光考察了历史上各时代的建筑艺术，认为神秘主义的、宗教的、表现了封建主义和资本主义的意识形态的，都不能启发苏维埃的建筑。唯一可以启发苏维埃建筑的，是古代民主希腊的建筑。卢那察尔斯基说，虽然这种民主是建立在奴隶制上的，但是，马克思赞赏过它，因为共和制城邦的公民享有那么多的自由，在各方面有那么多的成就。

卢那察尔斯基的观点，即使仅仅从意识形态的角度来看，也是错误的，更不用说他忽视了两千年来建筑的重大变化，尤其是20世纪二三十年代正在欧洲蓬勃兴起的建筑革命了。

维斯宁反对卢那察尔斯基，坚持说，他决不赞成社会主义的苏维埃宫采取过去的任何一种风格，包括古典的在内。但是，掌权人的大计已定，任何反对意见，无论多么合理，都是没有用的了。

1932年2月28日，苏维埃宫建设委员会通过了决议，说："苏维埃宫的建筑形象应该表现出我们社会主义制度的伟大。在所有提出来的设计中，没有一个能够完善地把它设计得宏伟、简朴、完整和雅致。建设委员会并不预定某种风格，但是，认为探索的方向应该是既利用新的手法，也利用古典建筑中好的手法，同时要立足于当代的建筑和结构的技术成就之上。”

这个决定保持了1931年6月决定里的片面性。把代表建筑发展方向的新的建筑手法，同代表早就过了时的古典建筑手法平等看待，对建筑的历史进程毫无认识。以后二十多年里，这个决定里的这些话成了普遍的原则，对各类建筑物都适用，因此对苏联建筑的发展起了消极的作用。

1932年3—7月，举行了不公开的第三阶段设计竞赛，吸收了15个创作集体参加。这一轮的作品，根据建筑委员会的引导，力求宏伟，大多数都汲取了古典建筑的样式，有些甚至干脆复古，例如，仿古罗马的阿德良陵墓和角斗场，以及威尼斯中世纪的总督府等。

这一轮，虽然还是没有一个方案中选，不过约凡的方案受到了特别的重视。他设计了一个圆柱形的建筑物，比较接近纪念碑的传统观念。

1932年8月到第二年3月，第四阶段的竞赛，有五组人参加，其中有维斯宁兄弟、茹尔多夫斯基、舒舍夫、约凡和无产阶级建筑师协会的成员。1933年5月10日，建设委员会决议，采用约凡的设计作为苏维埃宫最后方案的基础。这个方案，把6000人的中型会堂放在两万人的大会堂的上面，形成高耸的垂直的圆柱体。顶上，靠近前方，放一个18米高的“解放了的无产者”的雕像。总高260米。

卢那察尔斯基赞扬约凡的方案，说：“构思很简洁。这座塔巍然耸立，却不是塔。由于找到了很恰当的手法，这座建筑物宏伟，但又轻快地集中力量向上升起。”委员会的工作简报里说，约凡的方案“从古代的典范中汲取了自然朴实的风格，简洁和明朗”。着眼点都只在形式，而且肯定要古典的形式。

斯大林出席了5月10日的会议。他建议，把约凡方案里的建筑物和

图九

雕像都大大加高。他说，应该把苏维埃宫看作列宁的纪念碑，顶上的雕像应该是列宁的像，而整个建筑物是它的基座。所以，会议的决议里写着，顶上要有大约50—75米高的列宁像，代替原来的“解放了的无产者”的像。这样，不但把个人迷信强加到了列宁身上，而且完全忽视了苏维埃宫作为一座建筑物应该解决的种种问题。

同年6月，建设委员会决定邀请舒科和盖里夫列赫（В. Г. Гельфрейх）跟约凡合作。1934年4月19日，批准了最后的设计。这最后的设计方案，是一个多层的圆柱体，周围包着一层层的摩登古典的壁柱。顶上的列宁像放在正中，高80米，总高417米。它的主要的大会堂有20000—25000座，内部空间高度竟然有100米，容积97万立方米。它上面再放一个6000座的中型会堂。整个建筑物里有六千多个房间，同时可以容纳51000人左右。后来，为雕像专门举办了竞赛，米尔库洛夫（С. Д. Меркуров）的方案当选，它高100米，从而把建筑物的总高增加到接近460米（图九）。

在卫国战争之前，苏维埃宫的基础已经完工，开始装配第一层的钢结构。战争一爆发，工程就停止了。

苏维埃宫建设委员会的工作显然有很大的错误。它所决定的约凡等人的最后方案，充满了克服不了的矛盾。苏维埃宫要作为雕像的基座，体积必须单一而集中，要垂直构图，要跟100米高的雕像的尺度一致。

这个艺术形象既不适合苏维埃宫的功能，又教普通老百姓觉得很不亲切。会堂使用起来很不方便，人流聚散简直没办法安排。结构和构造方面，也是问题成堆。在几百米高的地方立一尊100米高的雕像，歪曲了人民的领袖同人民群众的关系，观赏条件也不行，而且，到底怎么做，其实也没有解决。但是，因为专制主义成灾，在二十多年的时间里，对这个设计只有一片颂扬声，没有人能够实事求是地提出批评。直到1955年第二次全苏建筑师代表大会之后，才有人敢于对这个设计提出怀疑，终于把它否定了。

苏维埃宫的设计竞赛过程，其实是一个在苏维埃宫建设委员会领导之下“统一思想”的过程。这是跟文学艺术界这时期发生的“统一思想”过程完全一致的。在建筑界，这个过程的后果是非常可悲的。在官方的扶植之下，本来已经一天天没落的折衷主义和新古典主义翻了过来，成了“正统”，占据了统治地位。而勇敢的创新者受到排挤，从此很快沉寂下去。蓬蓬勃勃、民主自由的学术空气越来越弱，终于几乎没有了。理论渐渐千篇一律，把封建时代的传统和遗产像包袱一样压在社会主义建筑的身上，甚至荒谬地把背不背这些沉重的包袱当作划分“无产阶级的建筑”同“资产阶级的建筑”的重要标志。一场本来很有成效的建筑革命中途夭折了。

夸大了建筑的艺术意义，夸大了建筑艺术的社会效果，把造型艺术的任务硬叫它担当起来，因此，把建筑的本质歪曲了。更糟糕的是把这个艺术任务推广到一般建筑物上去。

30年代的苏维埃宫设计，经过三年的时间，吸引了国内外大量优秀的建筑师参加，但是最后选定了错误的设计，传布了错误的思想，鼓励了错误的倾向。个人迷信、长官意志、过时的观念、对建筑本身发展规律的无知，造成了十分重大的损失。

在苏维埃宫设计竞赛过程中，苏联的建筑潮流就已经开始转变。1932—1933年间，匆匆忙忙用一些陈旧的小手法来“软化”已经动工的或者马上就要动工的建筑物，给它们加上檐口线脚、门窗贴脸、浮雕装饰等等。到1934年以后，新的建筑设计，大多热衷于庄严雄伟的气派以及大得不得了的规模和尺度。建筑师们纷纷到古罗马、意大利文艺复兴和俄罗斯古典主义建筑里去寻找灵感，寻找形象和手法，甚至直接照搬。1933—1934年间，茹尔多夫斯基在莫斯科的莫霍瓦亚大街（Моховая улица）建造了一所住宅，完全照抄帕拉第奥的巨柱式构图，又浪费，又不实用，装腔作势，趣味低劣。1934—1935年间，他又造了索契市苏维埃大厦，完全照抄18世纪俄罗斯的封建庄园府邸。虽然有人批评，但是经过一场大辩论，茹尔多夫斯基居然得胜了，于是许多年轻人拿他当榜样，紧跟着学习。

20年代曾经收敛起来的折衷主义理论重新招摇过市。一度参加过革新者行列的舒舍夫，在1933年写道："陈旧的烦琐学派和浪漫主义必须让位给清醒的创作，这些清醒的创作没有偏见，没有多余的技术主义。技术主义只会阻碍自由的幻想的翱翔。"他所指的技术主义，就是建筑的现代化。他甚至说："必须提高手工业者的技巧，没有手工业，艺术就会退化。"（均见《建筑中烦琐学派的终结》，载 *Советское Искусство*，1933年，第15期）这些言论，一直退化到19世纪中叶英国的"美术与工艺运动"的水平上去了。

1934年，茹尔多夫斯基写道，他领导的那个工作室，"把自己的创作建立在对文化遗产，对古典建筑优秀作品的深入钻研上"。（见《莫斯科第一建筑工作室的创作原则》，1934年）这真是奇谈怪论。一个真正有生命力的创作，只能建立在对当代各种条件的深入钻研上，只能建立在对未来发展的深刻理解上。因循守旧，即使技巧很高，也不过是阻碍建筑前进的绊脚石。

这些理论的谬误，到了1937年第一次全苏建筑师代表大会上，表现得最完备。在这次大会上，莫洛托夫和布尔加宁等都批判了过分追求雄伟的现象，批判了立面主义、庞大癖、轻视技术等等。大会的报告和大会通过的全苏建筑师协会的章程，也对工业化、新技术、大规模建造、经济性建筑等说了许多话。但是最重要的是，章程里规定苏维埃建筑的创作方法应该是“社会主义现实主义”。什么是社会主义现实主义？章程解释道：“在建筑艺术方面，社会主义现实主义就意味着把下列各点结合在一起，即艺术形象要有明确的思想性，每个建筑物要最完善地适合于对它提出来的技术上、文化上和生活上的要求，同时在建设工作中要极端节约并使技术完善。”

社会主义现实主义创作方法这个名称，是从文学艺术里套过来的。全苏建筑师协会章程上的定义，并没有超出两千年前古罗马建筑师维特鲁威所说的“美观、实用、坚固”多少。章程提到了把三个方面“结合在一起”，可是，没有反映它们之间的内部联系，没有反映作为社会物质产品的建筑的本质，没有说到当时的技术和材料的重大发展对建筑艺术的促进作用，因此，这个定义丝毫没有触及当时迫切需要继续进行下去的建筑革命：这就是把建筑业从几千年的手工业转变为现代化大工业，把建筑学从艺术转变为技术科学的历史运动。本来，社会主义的苏联，在这场运动当中应该走在最前列，应该做出最大的贡献。在社会主义国家里，建筑业的第一个服务对象是广大的劳动人民，而不是少数特权人物，所以，建筑业必定要成为大规模的工业。任何一个资本主义国家都比不上的。在社会主义国家里，生产力的发展速度，也就是工业化的速度，应该远远超过资本主义国家。在社会主义国家里，人们应该对新事物最敏感，对破旧立新最勇敢，能够同确实已经过时的陈腐观念和阻碍前进的传统最彻底地决裂。可惜，在当时个人迷信盛行的政治条件下，官方的错误很难纠正。20年代和30年代初曾经在世界现代建筑大变革中起过进步作用的苏联建筑，到30年代后期，反而以折衷主义的、过分装饰的、追求夸张的纪念性的古老的建筑艺术同革新的潮流相对抗，生拉硬扯地把这种对抗当作反对国际资产阶级的斗争的一部分。

这种社会主义现实主义创作方法的样板，是1937年开始建造的莫斯科运河上的建筑物，莫斯科地下铁道车站和全苏农业展览会的各个陈列馆，1934—1940年的红军中央俱乐部，以及塔玛尼扬在埃里温设计的政府大厦，等等。大事宣扬这些建筑物，设计人受到鼓励，得到很高的荣誉。而各种会议、报告和文件对复古主义的批判，中央关于建筑工业化的决议，看来是苍白无力的，好像只适用于三四流的建筑师和三四流的建筑物，或者说，大规模建造的建筑物。

跟这种所谓“社会主义现实主义”的创作方法相适应，建筑学的学校教育也起了变化。

30年代初期，莫斯科建筑学院成立之初，还大体保留前莫斯科高等艺术技术学院建筑系负责人维克多·维斯宁制定的教学方针，技术和艺术并重，并且规定学生要在雷尔斯基主持的工作室里做实际工作。但是，1933年起，艺术课逐渐加重，后来，学校终于变成了新古典主义者的一统天下。1938年，压缩科学和技术课程，取消工业建筑专业和城市规划专业。学校里教授的是古典柱式、古典主义的构图和古典渲染，同19世纪巴黎美术学院的一套没有什么两样。理论家们连篇累牍地把反映先进结构技术的大玻璃窗和细柱子说成是资产阶级的，却把曾经为欧洲各国绝对君权服务的古典主义当作无比珍贵的遗产。其实，前面引过的舒舍夫对维斯宁说的那段话，早就说明，折衷主义和新古典主义的那些东西是迎合沙皇、贵族和教会的趣味的。

在通过苏维埃宫设计竞赛“统一思想”的同时，在组织上也采取了“统一”的措施。

1932年4月23日，联共（布）中央通过了《关于改组文艺团体》的决议。把这个决议推广到了建筑界，1932年7月，成立了统一的全苏建筑师协会，取消了20年代至30年代初期的所有建筑师团体。当然也就取消了它们的出版物而代之以一份官方刊物。取消所有的团体和它们的出版物，就是取消流派，就是要把所谓“社会主义现实主义”的创作方法当作唯一正确的方法，而不再有什么新的探索。这样的统一思想和统一组织的措施，是违背列宁的思想的，它使百花齐放、百家争鸣的局面很难出现。

起初，30年代前半期，组织措施还不很狭隘。1933年成立的莫斯科建筑学院和建筑科学院，都没有排斥过去新建筑师协会和现代建筑师协会的主要成员。维克多·维斯宁是建筑科学院的第一任院长。全苏建筑师协会的理事会里，除了无产阶级建筑师协会的成员外，也有新建筑师协会和现代建筑师协会的人，还有茹尔多夫斯基一类的折衷主义者。1933年9月，莫斯科取消了建筑师的个人工作室，设立了隶属于市苏维埃的十个建筑工作室。担任工作室主任的，除了茹尔多夫斯基这样的保守人物之外，也有美尔尼可夫。

但是，这种比较好的做法并没有维持多久。一两年之后，个人迷信越来越强，一些非正统的建筑师就渐渐失去了重要的地位，有些新派建筑师也不得不搞起折衷主义的东西来。有一些不大愿意搞折衷主义的，例如巴尔欣（Г. Б. Бархин），就埋头去搞城市规划、工人住宅、工业建筑和俱乐部等。维斯宁兄弟也主要搞工业建筑，基本上不搞大型公共建筑。至于美尔尼可夫，甚至遭到了清洗，被剥夺了工作的机会。从此，折衷主义和新古典主义统治了整整二十年。

（五）

30年代后半期，用行政方式规定一种创作方法、一种艺术风格，用组织手段压制对这种僵化思想的挑战，扼杀了20年代到30年代初期生动活泼的局面，造成了苏联建筑以后整整二十年的因循守旧、死气沉沉。一些曾经对世界现代建筑的发展有过贡献的人们，或者失去了创新的机会，或者把精力耗尽在折衷主义的抄袭之中。美尔尼可夫的遭遇最足以说明，个人迷信怎样摧残了很有独创精神的人才。看一看这个例子，很有益处。

美尔尼可夫在20年代，并不明确属于哪一派、哪一个小团体，也不参加大辩论。

新建筑师协会和现代建筑师协会的刊物都没有发表过他的作品，倒是保守的莫斯科建筑协会的刊物经常报道他。但是他的作品，跟莫斯科建筑协会主要成员的远远不一样。他是一个勇敢地抛弃古老传统、不断地有追求、渴望创造新事物的人。他有缺点。严重的缺点：过于爱好幻想，不切实际的幻想。但是，这些幻想主要表现在他的一些探索性的方案设计里，而在实际工作中，他的创新，主要是推敲功能、结构和体型的严谨的逻辑及它们的统一。因此，在20年代，他一方面常常搞出一些根本不能实现的方案，叫人目瞪口呆，一方面，仍旧建造了一些相当合理的建筑物。幻想是实现不了的，不过，只要它有根据，经过认真的思考，就能够成为科学技术发展的酵母或者触媒。美尔尼可夫的幻想，离题太远了些，但是，他毕竟是能做很有创造性的实际工作的，他在20年代对苏联建筑是有贡献的。30年代中期之后，随着对“伟大领袖”个人迷信的加强，只许人循规蹈矩，服从某种权威理论和权威人物，不许人别出心裁，于是，美尔尼可夫就成了集中攻击的靶子，最后甚至剥夺了他工作的权利。

美尔尼可夫于1917年从莫斯科绘画、雕刻与建筑学院的建筑系毕业，在学生时代，他得到过两次特列嘉可夫奖金。二十岁之前，莫斯科的建筑评论家已经提到他好几次了。

他在求学时代，学的是折衷主义的课程。毕业之初，摩登派刚刚过去，蒙德里安的“史提儿”刚刚过来，他很快抛弃了折衷主义的破烂货，走向独立的道路。1920年，莫斯科高等艺术技术学院一成立，美尔尼可夫就当了教授，这时候，他离开课桌不过三年。他同伊·各洛索夫一起教基础课。他们俩扔掉了传统的学院派的教学内容和方法，要求学生“确立自己的语言”。

除了教学工作之外，美尔尼可夫积极干实际工作。1922年，舒舍夫接受莫斯科苏维埃的委托，主持莫斯科的改建规划。他组织了一个12个人的班子，美尔尼可夫在这个班子里负责设计住宅区和简易住宅。他做了一些独立的农家型住宅的设计。

1923年，举办第一次全苏农业与手工业展览会，美尔尼可夫设计了它的马合烟陈列馆（图十）。1925年，他又设计了巴黎国际实用和装饰美术博览会上的苏联馆。这两座建筑物都是临时性的，用木材和玻璃建

图十

造。它们的设计，都不是从陈旧的布局格式出发，而是完全依照使用功能和人的活动来确定内部空间和它们之间的关系。然后，根据内部空间和它们的关系，确定外部的形式。完全是简单几何体的组合，但整体很复杂。一点装饰也没有，不过，楼梯间和楼梯本身，经过仔细的推敲，把整个建筑物的构图搞得相当丰富、相当活泼。人们说它们："新的布局方式直接地、戏剧性地表现在形体上"，它们的形式"令人信服，令人满意"。在巴黎的那座陈列馆，全部在莫斯科预制，现场只做安装工作。这作品引起西欧建筑界重视，巴黎市政当局请美尔尼可夫设计大型汽车库。他给的方案是一幢横跨在塞纳河上的几层大楼。

回国之后，给莫斯科设计了许多汽车库，造起了四个。由于功能安排考虑得深入，形成了汽车运行的"美尔尼可夫制度"。车库的形式很新颖，材料只用砖和玻璃。1925年完工的巴米杰也夫街（Бахметьевская улица）的一座，很别致，而且美观，又适合功能和技术要求。

1923年，美尔尼可夫设计了莫斯科的苏哈列夫卡（Сухаревка）摊贩市场，十分经济。在简单整齐之中做了些小巧的变化，使建筑群比较生动。不但国内各个杂志普遍刊登这个摊贩市场的建筑设计，外国人也很注意，包豪士的出版物上介绍了它。

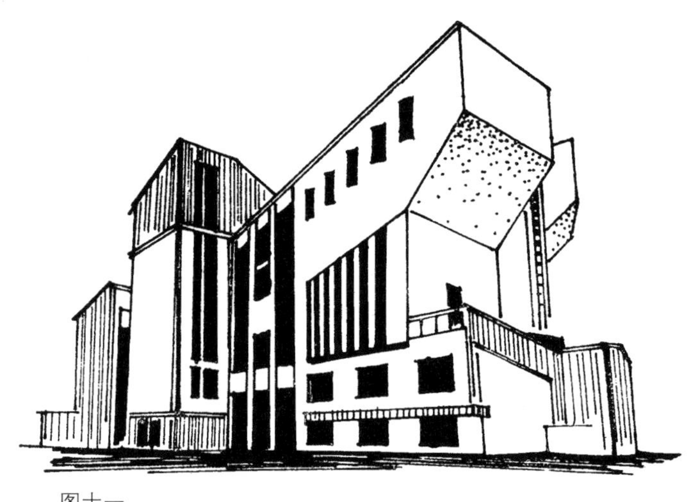

图十一

美尔尼可夫实践工作中最大的成就在工人俱乐部。1927—1929年间，设计了七个，造起了六个，都在莫斯科市里或在近郊。这些俱乐部的设计是探索性的，有时候连份设计任务书都没有。美尔尼可夫不凑合某种预定的格局或者形式，而去构思一个全新的俱乐部形制，主要是使俱乐部有很大的灵活性，能够适应群众性文化活动的变化多端，以极少的投资得到多种用途。美尔尼可夫设计的俱乐部，内部大多可以用活动轻墙很快地分隔。例如，1927年的鲁沙可夫俱乐部（Клуб Русакова），1400座的观众厅，可以缩小到三分之二的容量，或者分隔成三个小厅。又例如，1929年的布列维斯特尼克俱乐部（Клуб «Буревестник»），它的塔式部分里，可以用轻质活动墙分隔成三个大厅或者十五个小厅。虽然，由于当时的经济和技术条件的限制，这类活动分隔装置有不少没有装起来，但是设计是合理的，立意是进步的，或许对俱乐部的使用和管理，有些设想不太实际。

就同先前的几个陈列馆一样，俱乐部的外形紧紧跟着内部的功能，反映内部的空间。因此，体型比较复杂。尤其是鲁沙可夫俱乐部，二层的三个小观众厅向外挑出老远（图十一）。

美尔尼可夫的创作接近于现代建筑协会的构成主义。

美尔尼可夫希望通过忠实地表现功能和结构来创造新形式，这本来不失为一种创作方法，不过，在鲁沙可夫俱乐部，这种方法失去了分寸，造成了很大的浪费。局部的逻辑性破坏了整体的逻辑性。1935年，《苏联建筑》第10期，批评这座建筑物，说它“力图向建筑艺术的法则挑战”，则批评者未免太专制、太浅陋了。他所说的法则，不过是古典的条条框框而已。不突破旧的，哪有新的，凡是创新，都要向正统的旧事物挑战，挑战就是进步的起点。

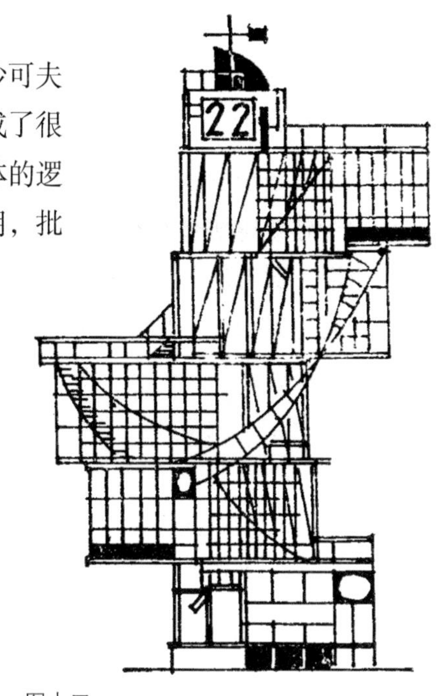

图十二

除了这些实际工作之外，美尔尼可夫在一些建筑设计竞赛里，过于放纵他的想象力，做出来的方案，他自己也不知道怎么实现。他好像并不是在设计，而仅仅是为了提出一种幻想。

1923年举行了《真理报》莫斯科总部大厦设计竞赛。美尔尼可夫的方案，是上下五个椭圆形的楼层，套在一个竖直的轴上，各自能够旋转。因为竖直轴穿过椭圆形的一个焦点，所以各层旋转起来，建筑的轮廓变化很大。这座大楼，据说是“活的有机体”，既是建筑物，也是“活动的雕塑”（图十二）。

1929年泛美联盟曾经打算在多米尼哥造一座哥伦布纪念碑，举行了国际设计竞赛，苏联有好几位建筑师参加。美尔尼可夫提出来的方案，纪念碑全高500米，主体是一个圆锥台，侧面有一对三角翼，可以随风转动。台顶上装一个很高的朝天漏斗，一旦盛满了雨水，三角翼便转动起来，带动机关，把水排出，水流又带动机关，使许多部件都旋转起来。

这些设计当然是过分幻想的。美尔尼可夫不应该把它们当作解决实际任务的方案提出来。这样做是不严肃的。

20年代中期，折衷主义者和创新派都批判美尔尼可夫。虽然措辞激烈，却没有越出学术范围，并不妨碍美尔尼可夫的工作。1929年，因为无产阶级建筑师协会对新建筑师协会和现代建筑师协会发动了猛烈的攻击，所以，对美尔尼可夫的批判反而暂停了下来。

但是，30年代之后，批判逐渐带有组织性了，而且，美尔尼可夫已经没有做实际工作的机会了。1932年，全苏建筑师协会一成立，就对美尔尼可夫发动了大规模的批判。在协会里掌权的青年们，有些人只受过工程训练，对20年代的建筑美学大论战茫然无知。他们根据官方新订的建筑理论，完全不能理解美尔尼可夫创作方法包含的进步意义和它对建筑科学化的促进作用。更不能理解美尔尼可夫的浪漫主义，他的活跃的思维，是建筑发展的一种激素，因为它总要破坏死气沉沉的“统一”和“一致”，要启发或者逼迫别人多想一些问题。1933年，全苏建筑师协会的刊物，《苏联建筑》，在创刊第1期上就有专门批判美尔尼可夫的文章，说他是一个“十足的为革新而革新者”。这一年，没有让他参加在意大利米兰举办的一个展览会。

虽然压力越来越大，美尔尼可夫继续坚持他自己的道路。1934年，他发表文章，宣传充分利用钢筋混凝土的极大的塑性造型能力（《苏联建筑》，1934年，第4期）。在《1934年莫斯科苏维埃所属设计工作室建筑创作的原则》这部汇刊里，他跟茹尔多夫斯基针锋相对，继续申述他的信念：建筑的审美问题，不过是形式美的问题。面对着一步紧似一步的打击，他在这篇文章里恳切地表述了忠诚的心愿：希望“与祖国大地上正在进行着的社会主义建设共同呼吸”。

美尔尼可夫在1934年做了重工业部办公大楼设计，在1935年做了《消息报》职工住宅设计。在这两个设计里，他努力把他的畅想同“社会主义现实主义”结合起来，要建筑物艺术地反映共产主义建设，对群众起思想教育作用，等等。重工业部的办公楼上，有很大的雕像、有轴承、有飞机场。《消息报》的职工住宅的檐口像花瓣一样张开，阳台像花蕾。它们已经完全不是他早期所作的单纯的几何体了。

可是，两个设计出来之后，都立即受到更加激烈的批判。尤其是职工住宅，先由《建筑报》(*Архитектурная Газета*)发动，《共青报》和《真理报》相继出马。

接着，莫斯科建筑学院召集专门的会议，批判美尔尼可夫和列昂尼达夫。在这次会上，实际上批判了一切创新的探索，树立了折衷主义的权威。美尔尼可夫和列昂尼达夫因为更多不切实际的幻想，所以被选中当了靶子。

1936年，全苏建筑师协会竟至于开除了美尔尼可夫。从此，他只好自己画些画，虚度年月。50年代中期，批判了个人迷信，反对了在学术领域里的官僚式专横统治，第二次全苏建筑师代表大会彻底否定了30年代后期以来的折衷主义和虚假装饰。1962年，美尔尼可夫做了一个纽约世界交易会苏联馆的设计方案，没有用。直到60年代后期，才有一些文章，重新评估了他的历史地位。

美尔尼可夫是有错误和缺点的。他往往分不清大胆的探索和现实的创作之间的界限，有时候真假不分。他的比较好的作品，也有一些片面之处。应该批评他，跟他竞赛，但是，对他搞有组织的大规模批判，采取行政组织手段，剥夺他的工作权利，这是完全不恰当的。为“祖国大地上进行着的社会主义建设”贡献力量的愿望是神圣的，谁都不应该损伤它。

本文后记

写完了苏联二三十年代建筑思想的斗争，自然就会联想到我们国家的情况。我们这三十年来，建筑界的情况实在不大教人满意。主要的原因之一，就是我们在学术领域里太不喜欢民主、自由，太害怕众说纷纭的生动局面，太不理解创造性的想象力的可贵，太不敢设想形成思潮流派，而总是偏爱“统一思想”“综合方案”。所以这许多年，无论在理论上还是在创作上，始终没有出现过蓬蓬勃勃的场景。

怎么“统一”，怎么“综合”呢？50年代头几年，是用苏联专家的话来统一，按他们的口味来综合。在“学习苏联”的口号下，把苏联30年代末到50年代中期的那一套基本照搬过来了。于是，把解放前夕从西方流传过来的现代建筑的理论和创作方法，不加分析，统统叫作资产阶级的，同文艺斗争和政治斗争联系在一起，一棍子打死。这样，在苏联的理论的控制下，折衷主义占了统治地位。在“思想改造”的名义下，凡不符合苏联这套折衷主义说教的建筑思想，都受到批判。这是用行政的方法、组织的手段强制推行一种学术理论的典型。

不久之后，50年代中期，在苏联专家鼓励之下，我国的折衷主义有了自己独特的形态，这就是追求“民族形式”的复古主义。复古主义的提倡者在某些地方有些权力，他们通过审批设计，把大屋顶强加于人。

但是大屋顶实在浪费得很，造成了很大的经济损失，于是，又紧跟1954年苏共中央的榜样，于1955年对复古主义组织了一次全国规模的声讨。动用了各种舆论工具，从报纸杂志直到电影，还加上大大小小的会议。

这种有组织的一面倒的批判运动是实用主义的，它并不能深入地解决学术思想问题。当时它最起作用的一点是，证明了复古主义的建筑物花钱实在太多，工期实在太长，又不合用。

但是，因为20世纪头几十年欧美的建筑革命被看作是资本主义制度颓废没落的反映，决没有借鉴的可能，苏联式的折衷主义仍然被当作正统，决没有怀疑的可能，所以，虽然大屋顶暂时下了马，建筑发展的方向还没有端正。

因此，批判运动刚刚过去三年，为庆祝十周年国庆而兴建的北京十大建筑，倒有一多半是折衷主义、复古主义的。农展馆和后来的美术馆，重重叠叠的大屋顶比几年前复古主义的典型作品还要复杂，还要古老。更糟糕的是，人民大会堂竟然采用了19世纪前半叶欧洲流行的“帝国风格”，大柱廊、高台阶，加上超人的尺度，造成过于威严而不可亲近的形象。这批建筑物完成之后，只能众口一词，说得十全十美，稍稍有点意见，就有攻击“三面红旗”的罪过。北京刮一阵风，全国的瓦片响。许多城市，都拿“十大工程”当样板。这流毒，一直没有认真对待。那个动乱的十年里，有些地方造五角星式的房子，或者在房子上安几个大火炬，题材同大屋顶不一样，理论基础还是一个，只不过为适应“文化大革命”而改变了形态而已。动乱的十年结束之后，又有人坚持在北京的一幢旅馆大楼上堆积亭台楼阁。这一回，总算遭到了比较广泛的反对。但是，一方面反对了这座复古主义的旅馆，一方面却有21个大屋顶的新北京图书馆设计在加紧赶图。事情实在太奇特了。

要理解这奇特的现象吗？正好，《建筑师》创刊号上重新发表了刘秀峰前部长的文章，《创造中国的社会主义的建筑新风格》，有些人推荐它是一篇好文章，现在仍然很有意义。问题就在这里！这是一篇什么文章？它在1959年发表，恰恰是以十周年国庆建筑物为代表的折衷主义的理论纲领。

详细地讨论这篇《新风格》，在这里不必要。只要指出两点就行了。

第一，从来的形式主义者，包括折衷主义者在内，都不能否认建筑的功能问题和工程技术问题，甚至也不能否认它们的主导作用。但是，他们总要把建筑的艺术问题同功能、技术问题相提并论，赋予艺术性以独立的意义。在刘秀峰前部长的《新风格》里，这一点就十分明确地表现为关于“建筑的双重性”的理论：“建筑物首先要满足人们的物质生活需要……同时又要满足人们一定的审美要求：它既是物质产品，又是一种艺术创作，既是实用功能和美感作用的统一，又是科学技术和艺术技巧的统一。一句话，建筑具有双重作用。”这两个“既是……又是”，就是折衷主义的典型逻辑，它把建筑的本质特征模糊掉了。模糊掉了建筑的本质特征之后，进一步就把建筑艺术和音乐、戏剧、雕刻、美术、绘画等一般艺术差不多等同起来：“共同性是都以其艺术形象来反映现实生活和社会现象；都以其艺术性和思想性来感染人；并且在艺术的实践中，各种艺术具有互相影响、互相充实的作用。”这样，建筑艺术就有了造型艺术的意义。于是，折衷主义，或者复古主义，就有了它的理论根据，遗产呀、传统呀、民族形式呀、五角星呀、火炬呀，乘机而来。

第二，折衷主义者从来都不会历史地看问题，也就是说，从来不认识建筑的发展。20世纪头几十年的建筑革命，是人类建筑史上最彻底的一次大变革，它把几千年来关于建筑的观念、理论、创作方法都改造了。这是工业革命在建筑业里的体现，它把建筑业从手工的转为大工业的，把建筑学从艺术转为技术科学。这是建筑发展史上一次最有意义的飞跃。可是，在刘秀峰前部长的《新风格》里，居然丝毫看不到这次革命的影子。他只是列举了什么“功能主义”“结构主义”作为资产阶级的建筑流派，特别点明它们产生在帝国主义时代，口口声声要“反对它的片面性”，要“不让这种理论在我们建筑界散布毒素”。因此，他根本不能提出中国建筑也必须进行这样一场革命。这样，就从理论上保护了折衷主义，或者复古主义，因为它们是这次建筑革命的对象。

建筑革命，就像以蒸汽机为标志的工业革命一样，发生在资本主义社会里。资产阶级学者对这两场革命理解得都不全面、不深刻，他们做了种种解释和推测，发表了种种宣言和申明。它们绝大多数都有片面性，都有错误，但是这些片面性和错误，都不能损害这两场革命本身的历史意义，都阻碍不了这两场革命的前进。因为它们决定于物质生产本身的客观规律，它们代表着工业和建筑发展的根本方向。它们的主流并不是一种阶级现象。

因为建筑革命首先发生在资本主义国家，因为参加了这场革命的先驱者和他们的后继人在理论上和实践上都有片面性或者错误，就看不见这场革命，看不见建筑发展的方向，这真是可悲的狭隘和近视。没有历史的眼光而要写理论，对当前的陈旧无所感觉，对未来的发展无所认识，那就只好一、二、三、四，甲、乙、丙、丁，貌似全面，滴水不漏，其实却是百衲僧衣，回护着早就过时了的、陈腐不堪的实体。这就是刘秀峰前部长的《新风格》的症结所在。而这篇文章影响之所以特别大，就因为它其实是“官方理论”。虽然重新发表时作者已经亡故，但当初它毕竟是部长的“总结发言”。在长官意志决定一切的情况下，它虽然错误不少，却仍然造成一种思想束缚。

“百家争鸣、百花齐放”，并不是各种流派的和平共存、“兼收并蓄”，包括折衷主义在内。它是先进克服落后、发展克服停滞的一种运动。只要没有长官们行政力量的支持，折衷主义早就要被淘汰，因为科学要进步，技术要革新，人类的文化总是如长江大河，奔腾向前，把一切落后的、停滞的东西冲刷掉。

1955—1956年间，苏联建筑界终于批判了二十多年来的折衷主义和新古典主义，批判了烦琐装饰和追求虚假的纪念性，而刘秀峰前部长却在1959年捡起了已经被苏联人自己抛弃了的建筑理论，那实在是太不合时宜了。

当然，现在再来推荐这篇文章，就更加不合时宜了。

1980年2月

本文附录

19世纪下半叶和20世纪初年
俄罗斯建筑里的“理性主义”

涅瓦河边，“青铜骑士”像向着西方奔去，在他身后，整个彼得堡都是用古典柱式造起来的。自从彼得大帝打开了通向西欧的门户之后，俄罗斯的建筑就这样同西欧的声气一致。18、19两个世纪里，从古典主义到浪漫主义，凡西欧建筑里有过的东西，俄罗斯一一都有。彼得堡矿业学院的多立克式柱廊，古典的纯正程度，不下于任何一座西欧的希腊复兴式建筑物。沙皇亚历山大三世，模仿皇帝拿破仑一世，在广场当中竖立起高高的纪念柱，骄傲而又孤独。到19世纪下半叶，西欧折衷主义的风也刮到了俄罗斯，于是，整个欧洲历史上有过的建筑样式，都在俄罗斯联袂登台。主要有两大类，一类是意大利文艺复兴和古典主义加上巴洛克式的装饰，一类是16、17世纪俄罗斯式样加上拜占庭的手法。

在建筑技术方面，俄罗斯同西欧的关系也有这么密切。19世纪30年代，彼得堡的伊萨基也夫斯基教堂（Исаакиевский Собор，1838）和亚历山大剧场（Александринский Театр，1827—1832），采用铁构件来建造穹顶和屋盖，比巴黎的抹大拉教堂和伦敦的英格兰银行晚不了几年，或者说几乎同时，也没有什么不可以。

同西欧一样，就在折衷主义泛滥的19世纪下半叶，工业革命和资本主义经济给俄罗斯带来了新的建筑物类型和形制。火车站、市场和单层多跨的工业厂房，都需要开天窗采顶光。这时候的银行，大部把宽敞的营业厅放在正中央，也需要天窗。百货公司和多层厂房，就得在外墙上开大大的窗子。而且，所有这些新类型的建筑物，都希望结构的跨度大、柱子小、空间舒畅，于是传统的砖石材料以及跟它们适应的各种结构方式，都不合用了。

要采用新材料和新结构。先是继续用铁。一些建筑物里，铁柱代替砖石柱，又渐渐有了铁的桁架和格构柱。外墙不承重，屋盖轻，跨距大。19世纪70年代末，开始应用钢筋混凝土。80年代，莫斯科和它的郊区，就有钢筋混凝土的仓库和水管等等。

用新的材料和结构方式去满足新型建筑物的功能要求，就同旧的建筑样式和传统的审美观念发生了矛盾。再加上为发展生产而必须在经济上精打细算，这矛盾就更尖锐了。

于是，新的建筑思想就萌芽了。

新思想的先进代表是克拉索夫斯基（А. К. Красовский），一位建筑师、教育家和理论家。1851年，就是伦敦水晶宫落成的那一年，克拉索夫斯基出版了他的主要理论著作《民用建筑》（*Гражданская Архитектура*）。

克拉索夫斯基说，19世纪的建筑有三派：古典主义、浪漫主义和理性主义。理性主义者把艺术当作"现代的镜子"，探寻新的建筑形式，抛开模仿与模式化。他认为理性主义是"真实的思潮"，他致力于为理性主义建立新的理论。

他说，对建筑的要求，有物质（技术与功能）和审美的（精神）两类，而功能和结构、技术因素（作品的内容）占第一位，其次才是审美因素（作品的形式）。这两类怎么结合呢？他说："我们的口号是：把有用的东西变成优美的东西。"理性建筑的首要原则是，建筑形式要有机地适合结构和材料的技术特点。建筑技术的发展一定要积极地影响建筑的发展，促使它进化。他说："技术或者结构是建筑形式的主要的源泉。"房屋的每一个建筑构件必须永远保持它的结构意义，而它的外部形式也必须反映结构和材料的负荷情况，这叫作"结构逻辑"（Тектоника），"保持这个原则，就能使建筑物成为真实的"。这原则是“主要的、高于一切的条件，建筑形式的其他原则都要服从它”。他痛斥那些没有一点用处的柱子、女儿墙、山花等。为了防止新的片面性，他说：“建筑科学的真实性的基础，是我们的需要、材料的特性和合情合理的经济。我们的需要是目的，建筑物为它而建造；建筑材料决定达到这个目的的方法；最后，遵守经济规律才使我们能最大限度地满足我们的需要。”这个需要，“首先要功能要求（实用），其次是审美要求（美观）”。又进一步说：“凡是不能满足基本的使用要求的建筑物，绝不可能是美的；但是，满足了使用要求的，也可能一点都不美。”

克拉索夫斯基重视材料的特性对建筑风格的重大作用。他说：“铁担负着完成建筑形式的转变的使命，它引起新的、独特、现代化的形式，这些形式无疑形成新的风格。”克拉索夫斯基是一位很敏感的、很有理论勇气的人，他的著作，比法国人拉布鲁斯特（Henri Labrouste）的晚十几年，但是更系统化得多，更完整得多，而比另一个法国人，西方第一个理性主义者，勒杜克（Eugène Viollet-le-Duc）的，早了十五年。他的著作在俄国很流行，成为学校的教科书。1875年，《建筑师》（*Зодчий*）杂志说：他“以他的著作而闻名工程界和建筑界。这著作在高等技术学院里把民用建筑的教学工作变成了基础牢固的科学”。

俄国革命民主主义的理论家车尔尼雪夫斯基和斯达索夫，也都很重视金属结构的发展，他们认为，铁是形成未来建筑艺术的基础。

到1891年，“理论建筑”的探求者说：“技术与结构必须成为（建筑物）艺术形式的根源，而建筑物的目的和任务是艺术观念的根源。”（“Мнения лиц, опрошенных по поводу пересмотра устава Императорской Академии Художеств”, 1891）这些话说在奥地利的华格纳（Otto Wagner）之前。

19世纪末和20世纪初，折衷主义的创作方法同现实之间的矛盾越来越尖锐。在《建筑师》《建设者》（*Строитель*）和《建设者周报》（*Неделя Строителя*）等刊物上，对折衷主义的批判越来越多。著名的雕刻家安多高尔斯基（M. M. Антокольский）说，克服折衷主义的方法是建筑师要转向建筑的结构基础。他说："铁、钢和玻璃，它们是造成新建筑的因素。"1900年，俄罗斯建筑师第三次代表大会上，彼得堡的著名建筑师秀索尔（П. Ю. Сюзор）说："在我们这个时代，每一幢房屋的外表都不应该掩盖自己的用途，而且，它的所有部分和细部，都应该适合它们自己独特的任务。"玛卡洛夫（П. В. Макаров）斥责折衷主义的虚假装饰，写道："把建筑物从勒脚到檐口都用雕刻品盖满，最好不过地证明，我们直到现在，还在经历着一个建筑的完全、彻底的堕落时期。"1902年，《建筑博物馆》（*Архитектурный Музей*）第3期上，有一篇文章批评折衷主义说："不合逻辑地使用样式，以致完全失去了房屋结构的任何概念"，以致"常常为了虚假的装饰性而牺牲了结构"。

同西欧一样，在批评折衷主义、探求新风格的人里，有不少是工程师。而且，他们常常看重纯功利性建筑的风格的先进性。例如，20世纪初年，"理性建筑"的追求者之一，蒙莰（О. Р. Мунца）说："只有那些不关心美的建筑物——工业厂房，才能通过新的道路获得美的形式。"这段话有点儿片面，它是激愤之词，对折衷主义实在是讨厌之极。

折衷主义在当时虽然还占压倒优势，但其实它已经在历史主流之外。它的优势完全来自历史的惰性，所谓"传统"。它依附在那些注定就要过时的建筑类型上，经不起生气勃勃的、从新的建筑类型和工程技术上产生出来的新观念的冲击。

1895年，俄罗斯建筑师第二次代表大会上，贝可夫斯基（К. М. Быковский）企图为折衷主义辩护，搞得很孤立。1905年3月8日，舒舍夫在圣彼得堡一次建筑师会议上发表了一篇论文，题目是《论宗教建筑中的创作自由》。他说："艺术创作应该比结构更重要"，"在艺术中，必须正确地反映思想，并且要给人强烈的印象，丝毫不必考虑（用什么）手段"。这是很典型的折衷主义理论，总是要把艺术放在重要地位上，给它独立的意义。

舒舍夫的论文当即受到高更（А. И. фон Гоген）的批驳。他说，舒舍夫认为，“建筑只有在建筑师能够摆脱结构形式自由地构图的时候才能进步，要按照美观，而不是按照需要，去安置细节——随心所欲地构图，就像鸟儿唱歌。我几乎要立即赞成这些话，因为它们说得很美——但是，吓死人！依我看，建筑师大大地依赖着技术、材料，必须认真对待结构，只有很小的房屋，才可能搞得像个装饰品……依我看，必须重视结构”。

20世纪初期，最杰出的建筑理论家是阿贝什可夫（В. П. Апышков）。他自称是克拉索夫斯基的继承者，要为“理性建筑”建立理论基础。1905年，他出版了一本《最新建筑中的理性》（*Рациональное в Новейшей Архитектуре*），相当全面地阐述新的建筑观点。

阿贝什可夫重复克拉索夫斯基的话说，理性建筑的基本理论原则是辩证地把实用的东西转化为美观的东西。“这个把实用的转化为美观的道路，从希腊艺术时代以来，经过上千年，仍然是唯一的，不可更改的，它保证理性建筑的更大发展……建筑的出发点必须是合理，真正的艺术家的任务不是反对实际和合理的，而是把它转化为美观的，并且要反对墨守成规，反对直到现在还把我们的房屋包裹在不合身的外衣里。”

他批评折衷主义“力求只根据外表的美观来应用样式，而不受功能要求和结构要求的限制，必须导致应用无用的、虚假的样式。……形式必须适合材料所固有的特点和性质”。他赞同1895年华格纳在《摩登建筑》（*Moderne Architektur*）里的一句话：“材料和技术影响构图，而不是构图影响材料和技术。”

像克拉索夫斯基一样，阿贝什可夫重视铁对建筑艺术的改造作用，当时，这是主要的新材料。他说：“冶铁工业的发展，使我们可以在建筑中大量地用铁，因此，我们有办法以最合适的方式利用空间，把柱子和楼板做得尽量的细、薄。现代建筑的贡献和它的特点，是它利用铁，……能够在解决当代的问题的时候，艺术地突出静力的作用，把它表现出来。”他认为铁是“形成风格的材料”。

当时，另一个比较激进的理论家，斯特拉霍夫（П. И. Страхов）在《技术的美学作用》（*Эстетические Задачи Техники*，1906）里说：“随着冶炼工业的发展，铁广泛地进入了建筑领域。技术在我们眼前已经完全地、直截了当地造成了铁的风格。”

斯特拉霍夫认为：材料的特质和施工的方式要对建筑形式的形成发生决定性的影响。他在工业化的生产和技术中见到了强大的力量，既影响整个人类社会，也影响审美观念和趣味的形成。他坚决相信，大规模的工业生产，原则上能够给生活和环境提供廉价的，然而艺术水平很高的物品。他提倡工艺品要简洁，加工要精致，反对过分装饰。

19世纪末20世纪初，在西欧开始了建筑革命。这是建筑领域里的一场工业革命。这样一次空前深刻的大变革，不能只在工业和交通建筑里进行，也不能只限于几种民用和公共建筑。它必须要彻底改造全部建筑，才能取得稳定的胜利。当这种变革向全部公共和民用建筑扩展开去的时候，它遇到了最顽固的抵抗。历史上成就很高的传统建筑艺术，给它施加了强大的压力。它不得不在一个发展阶段上着重于寻求一种新的建筑造型方法和观念。这种寻求，从比利时的范·德·维尔德（Henryvan de Velde）和奥地利的华格纳开始，他们的努力，创建了“摩登派”，主要是寻求一种装饰风格。此外，略晚一点，有蒙德里安等人的“史提儿”。

这种摩登派传播到了俄罗斯，在20世纪初年成了新潮流的主要代表。

摩登派在欧洲建筑革命里起过进步作用。它打破了对古典建筑的迷信，开拓了人们的眼界，给人们一种从来没有见到过的艺术模式和趣味。而且，在创造新样式的时候，目的在于探讨新材料和新技术的造型可能性。这对于粉碎传统的束缚是很有意义的。

登摩派很快分成两支，一支趋向理性建筑，汇集到现代建筑的滚滚洪流里去；另一支趋向纯粹的装饰，没有能够真正理解新材料和新技术的美学价值，玩弄它们，脱离建筑的特点，主观主义的色彩很浓。前者主要在西欧，后者主要在俄罗斯，这是因为，俄罗斯毕竟比西欧落后很多，建筑革命的条件还不成熟。

因此，摩登派在俄罗斯受到激烈的批评。19世纪末，斯达索夫说它是建筑的堕落，空求使观赏者大吃一惊的效果，空求人所未试、人所未见的线、形和轮廓。（*Искусство XIX в.*）。1900年12月5日，在圣彼得堡建筑师协会的会议上，沙巴涅夫（E. A. Сабанеев）说："对 art Moderne，art Nouveau 风格的作品，第一眼看去，觉得它们不清不楚，做得不地道，它们通常的特点是柔软或者有点不安定，它们造成某种病态的印象。"

一些理性建筑的探求者对摩登派保持着警惕。玛卡洛夫把摩登派叫作"贫乏的新风格"。他说："显然，这种虚伪性和无原则性同艺术毫无共同之处，它只会使新风格大大地名誉扫地。"（《建筑师》，1902年，第29期）他保卫理性建筑的基本观念是完全对的。但是，他不承认摩登建筑的一点历史作用，是不恰当的。

也有一些人给装饰性的摩登派辩护，但是是站在唯美主义立场上的。巴乌姆加尔金（E. E. Баумгартен）在一篇叫作《现代建筑》（*Современная Архитектура*）的论文里，使用了当时西欧流行着的康德的艺术无功利性理论。他说："从技术要求和功能要求中，不可能产生出美来。美的主要特征是它没有实际用处。造房子，总要坚固和廉价、快速和舒适，但房屋的美观同工程技术没有任何关系。"（《建筑师》，1902年）这种辩护，完全违反当时建筑革命的大方向，更可以使人看出摩登派的片面性。

一位最热烈地鼓吹摩登派的人，沃洛奇欣（И. П. Володихин），1902年在论文《建筑美学的任务》（Задачи Архитекурной Эстетики）里甚至极其夸大地说：现代摩登派是"推翻建立在过时的制度之上的政权的起义的原则"。

仍然是阿贝什可夫对摩登派做了最正确的估计。他指出范·德·维尔德的创作太"崇拜线条"，"他的作品因此受到过分喧闹的损害，受到缺乏严肃的理性主义的损害”。但是，阿贝什可夫也看到了摩登派有一定的生命力。他说，虽然在摩登派里“可以找到不少人只追求不顾一切的独创新异，显然轻视艺术的真实性问题”，但是，“这个现象绝不可能停滞不前，也不会否定天才建筑师们创作的一切真正的美”。看到冲破旧权威的力量，追求新形式的自觉的创造性努力，阿贝什可夫说：“新的方向完全不在于新的形式，而在于新的充满朝气的思想。”

阿贝什可夫的这句话很有见识。摩登派的历史意义，不在它的形式，而在于它的破旧立新的思想。它自己是不育的花朵，但它的花粉却是现代建筑坐果结实的激素。而且，摩登派的建筑，毕竟形体比较简洁，构图比较自由，比折衷主义建筑更适合新的建筑要求。因此，1910年代摩登建筑虽然退了潮，但是现代建筑在俄罗斯终于向前迈进了一步。这时候，在莫斯科和圣彼得堡，都出现了不少相当大胆的商业建筑物。它们用钢筋混凝土做框架和楼盖、屋盖，而用牛腿挑出大面积的连续的玻璃墙。

理性建筑的理论和摩登建筑的实践，被十月革命后创造新建筑的人们继承。

1980年2月定稿

附录2
构成主义和维斯宁兄弟

陈志华

（一）

一个社会主义时代的建筑师，要有很强的历史使命感，很强的社会责任心。为了尽快地发展生产力，他满腔热情去搞工业、交通等生产性建筑设计，而不是把眼光死死盯在少数几个纪念性建筑物上；他把最大多数人的居住、教育、保健、娱乐等要求放在心上，积极从事住宅、学校及各种大量性的文化和生活服务类建筑的设计，而不是在象牙塔里清谈建筑是空间艺术；他主动去促进建筑的工业化，注意引用新的科学技术成就，以便多、快、好、省地进行大规模的建设，而不是留恋手工业时代的历史遗产；他目光向前，充满了创造的开拓精神，力求用新的建筑类型，新的形制、手法和风格来适应新的需要，新的人与人的关系和新的审美意识，而不是因循保守，埋怨新不如旧；他对新世界充满信心，努力以崭新的城市和建筑来为改造社会、改造生活、改造人本身创造物质环境，而不是目光如豆、自甘平庸。这些，大约可以说是建筑师的社会主义觉悟罢。

十月社会主义革命之后，在苏联造就了一些有这样的觉悟的建筑师。程度有深浅，水平有高低，其中最杰出的要数维斯宁兄弟。

维斯宁兄弟，老大叫里奥尼德（Леонид，1880—1933），老二叫维克多（Виктор，1882—1950），最小的叫亚历山大（Александр，1883—1959）。他们思想一致，经常在一块儿创作，所以在苏联建筑界就以维斯宁兄弟闻名。

三兄弟少年时代住在伏尔加河边的小城尤里耶夫茨（Юрьевец）。维克多后来回忆："我们小时候就喜爱素描和绘画，早早就学习写生。弟兄们相亲相爱，在伏尔加河上一起作画，度过了最美丽的光阴。这是我们友爱的集体创作的起源，我们一辈子的生活和工作从那儿流淌出来。从最初的艺术活动起，我们就深深地偏爱建筑学。下新城的克里姆林和主教堂，乘船到外祖父家去在伏尔加河上见到的两岸古老的教堂，老拉多迦（Старая Ладога）的古代建筑物。所有这一切更加深了我们对建筑学的爱好。"（"Величайший Праздник Демократизма"，《苏联建筑》，1937年，第11期）

父亲是个商人，不过很重视孩子们的教育。他向人借来许多艺术方面的书。稍稍大了一些，1890和1892年，父亲把三兄弟先后送进莫斯科的"实用商业学校"。这是一所全俄罗斯有名的中等专业学校。学校里有美术课，老师组织了一个艺术小组，经常参观当时还挺稀罕的博物馆、展览会和私人收藏品。美术课和小组活动给维斯宁兄弟打下了扎实的艺术教育基础。

中等学校毕业之后，里奥尼德在1899年到彼得堡，1901年进了俄罗斯最高级的艺术学院。这一年，维克多和亚历山大也到了彼得堡，进土木工程学院学习。小哥儿俩仍然着迷艺术和建筑，礼拜天跑到大哥的学院去，看学生作业，到图书馆看书。还跟了个画家学画。

1905年的革命风暴里，土木工程学院是学生民主运动的堡垒，维斯宁兄弟积极参加集会、游行，加入红十字会，办地下印刷所，在班会里活动。维克多甚至被选为代表，跟沙皇政府的官儿们交涉。

革命被镇压下去之后，为了防止学生运动再起，沙皇政府停办了土木工程学院。维克多和亚历山大回到莫斯科，自学建筑，跟人学画，直到1907年，学院恢复，他们才回去继续求学。

这时，老二老三课余到建筑事务所工作，因为还是学生，所以只能当助手。他们参加设计竞赛，多次名列前茅。1910年，参加莫斯科绘画、雕刻与建筑学院的设计竞赛得奖，开始有了点小名气。从此不断受人委托设计建筑立面。他们还照样坚持学画，认识了塔特林（1885—1953），并且到俄罗斯各地去测绘古建筑。

老大是1909年毕业的。小哥儿俩因为搞工作耽误了学习，一直到1912年才毕业。这时候，已经是有相当经验的建筑师了。

十月革命前的俄国，建筑界也是折衷主义占优势，跟西欧一样。只有少数人在工商业建筑和出租住宅里尝试理性主义建筑。维克多后来回忆说："革命前的创作工作里没有真正的乐趣。一些建筑师在建筑公司里，巴结讨好，给任何一个神气活现的商人的任何订货卖力气。另外一些在省级机构里工作，搞出一个又一个公式化的设计来，最后，还有少数建筑师是独立的，但他们也活得不痛快——开明业主实在太少。……建筑师极难坚持自己的创作思想，那些大阔佬不让人专心工作，不断地来'修正'，不断地提出'新建议'。"（同上引书）

那时候，维斯宁兄弟的作品的风格也是变来变去，不过，在府邸、博物馆之类的建筑中，还是以俄罗斯古典主义为主。1812年卫国战争的百年纪念，激起一些建筑师对19世纪俄罗斯古典主义的怀念，它当年曾经记录过抵抗拿破仑的伟大的胜利。1913年，维斯宁兄弟设计的俄罗斯民族博物馆，非常古朴庄严。同年，他们设计的下新城的西洛特金大厦（Дом Сироткина），比例和谐，格调相当高雅。它的壁画和天顶画是亚历山大的作品，风格受到意大利的丁托雷多和维罗尼斯的影响。

他们设计的工商业建筑物则表现出理性主义倾向。1913年维克多设计的劳拉住宅（Дом Ролла），钢筋混凝土的框架结构显示得很清楚：窄窄的窗间墙，宽度只相当一个壁柱，余下的是满开间的大窗子，有许多凸窗。

第一次世界大战爆发，老大和老三应召入伍，维克多开始搞工业建筑。起初是搞国防急需工业工厂，工作十分紧张。外形大体跟劳拉住宅相像，不过结构更明确简洁，建筑更朴素经济，生产过程的决定作用非常显著。但外表仍旧有壁柱、檐口之类的残余。最有名的是多姆纳（Томна）工厂厂房。1917年设计的迪纳摩（Динамо）证券协会大厦，在莫斯科，平面和立面都已经很熟练地适应钢筋混凝土框架结构的特点。

1935年，维克多和亚历山大说：“在革命之前，我们跟大多灵敏建筑师一样，各种风格都搞。但那时已经不满足于照老风格干，‘摩登’的低劣趣味也叫人厌弃……我们（寻找新建筑语言）的尝试是胆怯的，没有多大信心——在反动的沙皇俄国没有探讨新建筑形式的土壤和社会条件。”（“Творческие Отчеты”,《苏联建筑》, 1935年，第4期）

（二）

正是在维斯宁兄弟学习艺术和建筑以及开始创作的时候，欧洲的文学、艺术和其他文化领域非常活跃，也非常混乱。建筑学的革命正风急浪涌。这种情况对他们日后的创作道路产生了很大的影响。

文学、艺术里的各种流派，五花八门，标奇立异，后来被统称为“先锋派”。带头的是法国。俄罗斯在1905年之后，各种社会矛盾非常尖锐，因此也有产生形形色色流派的土壤。俄国的青年艺术家们不但从法国学习，也把他们自己的探索和追求带到西欧去。

1907年，一些画家在巴黎搞起了立体主义。他们认为，客观世界一切形象的基本元素都是简单的几何形。他们把对象分解成几何形来表现。为了表现对象存在于空间和时间中，他们从各个不同角度观察和描绘对象的各个部分，叠加在一起，这同时也就算表现了运动。他们说，这样画出来的东西，比眼睛熟悉的直观形象更真实，因为感觉跟实在是有差异的。

立体派画家毕加索从1912年起又搞了些雕塑。他用木片、硬纸板、铁片、铅丝和现成的东西如刀、碗、碟等组成他的雕塑作品。

1913年，正在探索抽象艺术的俄国青年艺术家塔特林来到巴黎，会见了毕加索。他很快就认为，与其在平面的画布上去画空间中的对象，不如干脆就把艺术品做成立体的。他参照了毕加索的雕塑，也用木片、纸板、铁丝、纺织品等来拼接艺术品，不过，全是抽象的，不像毕加索的作品那样还有个要表现的对象。

1909年，一些意大利画家和诗人搞起了未来主义。诗人马里内蒂发表了《未来主义宣言》。他们狂热地相信工业文明能带来积极的后果，歌颂技术发展，赞赏大工业产品固有的美，现代技术带来的新的美。马里内蒂在《宣言》里说："一种新的美使世界更加灿烂辉煌，这就是速度的美。"所以，未来主义画家最热衷于表现速度和产生速度的力。他们跟立体主义者相反，不是让画家从各个角度去观察静止的对象，而是让画家在静止中观察高速运动着的对象。他们也表现人的感情，但却用物理量来衡量，如力、能、速度等。他们所要表现的现代生活，是所谓心理和生理的空前的震动、视觉和听觉的反应、不同方向的力和运动等的"动态的综合"。

雕刻家兼画家波丘尼（Umberto Boccioni）于1910年发表了《未来主义画家宣言》，1912年又发表了《未来主义雕刻家宣言》。他主张，雕刻应当"绝对地、完全地抛弃限定性的线条和封闭的体型。我们要给雕刻开膛，把环境空间通透到里面去"。他建议用透明的玻璃片加上金属片、铁丝等来拼接成雕刻品，在里面装上电灯。后来又用硬纸板、水泥、毛皮、马尾、布和镜子等作材料，甚至在雕刻品上装马达，叫它真的动起来。

未来派的绘画和雕刻有相当多的作品跟立体派的分不清，也渐渐趋向抽象。

意大利未来派在建筑中的代表是圣伊利亚。他在1914年的《宣言》中热烈鼓吹城市化，把城市和建筑物都看作机器，力求采用最先进的技术。认为飞速奔驰着的汽车和电梯是城市和建筑物最美的部分。他提出了立体地处理城市交通的设想。

在俄罗斯，1910年和1911年就出现了未来主义的组织和出版物。最初是些诗人，分布在圣彼得堡、莫斯科和其他一些大城市里。后来有些画家也倡导未来主义，1914年和1915年都举办过展览会。不过，作品大多还是立体派和表现派的形式，所以又有些人自称为“立体未来派”。其中影响比较大的有塔特林和罗钦可。

但俄国的未来主义又跟意大利的有所不同，更多地反映革命前夕的社会矛盾。他们蔑视“上流社会”，否定资产阶级的现实，连同“旧世界”的一切文化财富。但他们又为造反而造反，要求绝对地创作自由，明显倾向无政府主义。它一方面在纲领中提倡掌握人类最先进的知识，满怀圣伊利亚式的城市化幻想，对人类前途诗意的乐观，却又有恋旧的情怀，喜欢民歌和民间传说，喜欢古风的、抒情的、撩人心弦的艺术。

有些俄国未来主义者不承认他们跟意大利的关系。赫列勃尼可夫（В. В. Хлебников）说：“我们无须乎从外国嫁接——我们打1905年起就已经投身于未来了。”1914年，马里内蒂到俄国来，还有些俄国未来主义者想阻挠。

首先走到纯抽象艺术的是俄罗斯艺术家康定斯基（1866—1944）和马列维奇（1878—1935）。康定斯基于1907年到德国，受野兽派和立体派的影响。1910年画风渐渐抽象化，形象趋向模糊，并且近于几何形。1911年，他跟马克（Franz Marc）一起办了个刊物叫《青骑士》（*Der Blaue Reiter*），鼓吹抽象艺术。这一年发表了他写的《论艺术的灵魂》，提倡“纯”绘画，就是“无形象的”绘画。认为绘画应当用“形和色的语言”，而不要形象的语言，绘画并不反映客观世界，不过是“精神的自我表现、自我发展”。这本书后来成了抽象艺术的“圣经”。自从1911年画成“纯绘画”之后，他越来越倾向用简单的几何形和鲜明的对比色作构图。1914年他回到俄国。

马列维奇本来是个立体未来主义者，1913年开始作纯抽象绘画。1915年，在圣彼得堡一次叫作《0，10》的未来主义画展上，他展出了39件“无客体”的，也就是“无形象”的画。同时印发了一本小册子，自称为“至上主义”，就是主张“在创造性的艺术中‘感觉’是至高无上的”。他说，至上主义是一种新的思想形式，表现在绘画里就是“无客体”的纯形式，摆脱一切的“表现”和“象征”，摆脱实际考虑而绝对自由。他用鲜明纯色的简单几何块，如方、长方、圆等作画，像剪贴一样，远比康定斯基的单纯、响亮。例如，1913年的一幅画就叫作《白底上的黑方块》。他说：纯抽象的几何形可以超越在混乱不堪的现实之上，从而把思想对于物质的优越性表现出来。他把那样的构图叫作造型艺术的语言。

他的好朋友，艺术评论家普宁兄弟（И. и К. Пунин）也发表了一个支持无客体艺术的声明。他说：“客体（世界）分解为真实的部件，这是艺术的基础……被发现并被在画面上显示出来的部件之间的关系构成了新的现实，这是新绘画的起点。”

一度聚集到至上主义名号下的艺术家有一些立体未来主义者，其中包括塔特林、罗钦可、李西茨基（1890—1941）、纳乌姆（后改名Gabo，1890—1977）与安东尼·派夫斯纳（Антуан Певзнер，1888—1962）兄弟。纳乌姆·派夫斯纳是学自然科学的，自习成为雕刻家。他像塔特林一样，用玻璃片、木片、塑料片等做雕刻品，不过起初是有形象的，后来才转向纯抽象。在形象性的雕刻品中，他创造了一种“反形”的方法，就是用虚空表现对象，实体不过用来帮助虚空成形。他说：“老式雕刻用实体表现，新雕刻用空间来表现。”

康定斯基和马列维奇的抽象艺术对西欧艺术界有很大的影响。1917年，在荷兰诞生了“风格”派（以刊物 *De Stijl* 为名），代表人物是画家凡·杜埃斯堡和蒙德里安、建筑师欧特（J. J. P. Oud）。他们主张绘画要绝对抽象，绝不可以跟可见的客体的形象有任何联系。蒙德里安说：“如果绘画要直接表现普遍的，那么它们自己必须是普遍的，这就是说，抽象的。”又说：“自然的形式的外观瞬息万变，而实在不变。要给纯实在造像，就必须把自然的形式还原成形式的恒定元素，把自然的色彩还原成原色。”关于形式的恒定元素，他说：“立方体和矩形是无限的空间的基本形式。”他们把造型元素减少到直线和直角，蒙德里安甚至只把它们放在水平和垂直位置。色彩是只用三原色，外加黑、白和灰。

风格派的建筑几乎是蒙德里安的抽象画的立体化。不过它们更有兴趣突出表现结构，认为结构是反对老一套和老传统的新精神的表征。这表现出他们对新技术的赞美。

风格派在宣言里说：旧世界观是个人主义的，新世界观是普遍的。两种世界观的斗争酿成世界大战，同时也要在艺术中有所表现。个人主义将被摧毁，而普遍的世界观一定会成为现实，尽管传统、教条、特权和个人主义会一起反对它的实现。

除了立体派、未来派、至上派、风格派等之外，还有许多短暂的、影响比较小的派别。这些主要流派的成员，理论和创作也还有不小的差别。不过，所有这些先锋派都有几个重要的共同点。

第一，它们都强烈地反映出迅速发展的科学技术和机械化大生产的影响。

所有这些先锋派艺术都是分析性的。他们着重方法和手段而轻视内容，不承认艺术对现实的认识和反映作用，更不用说对人们的教化作用了。立体派的理论家、诗人阿波利奈尔（Guillaume Apollinaire）说：“几何学对造型艺术就像方法对写作一样重要。”他们把客观世界的一切形象分解为最基本的形式“元素”，方、三角、圆等，把它们看作最一般的、最稳定的，把它们当作造型的“语言”，因此，他们都程度不等地走向抽象化。在抽象中探讨普遍性的纯形式的造型规律和审美心理效应。

先锋派都追求表现空间、时间和运动这些当时最热门的物理概念，表现力和速度，探索表现它们的方法。不同的方法是划分不同的流派的主要标志之一。

许多人认为大工业产品是美的或者可能是美的，他们重视机械化生产所带来的一些特点的审美价值。在雕刻中使用现代化的新材料和焊接、铆接等新工艺。风格派主张用抽象几何语言创造出一种跟工业化社会相适应的新风格。

第二，先锋派艺术家大都有一种旧世界要灭亡、新世界要诞生的朦胧的历史感。

20世纪初，社会矛盾非常尖锐，社会革命的思想很流行。艺术家们感觉到脚底下隆隆的震响，火山将要爆发。他们大多并不了解新旧时代的真正意义，有些进步，有些甚至反动，但是他们中有许多人把社会主义当口号。他们是当时欧洲文艺中的左翼。

他们蔑视学院派的传统，要创造全新的造型艺术，常常是跟他们所想象的社会大变革联系在一起的。未来派和风格派都把这一点写在宣言里。

这两个共同点，对于俄罗斯先锋派艺术家在十月社会主义革命后的发展有决定性的意义。

十月革命后，绝大多数的俄罗斯先锋派艺术家拥护新的苏维埃政权。在他们看来，新艺术要彻底粉碎和代替旧艺术跟新制度要彻底粉碎和代替旧制度是同一件事。因此，他们自以为当然是“革命的”，是艺术中的“左翼”。加上革命打断了禁锢人们的精神枷锁，一时十分有利于先锋派自由的思想的驰骋，所以，新艺术家们兴高采烈。1920年，马列维奇自得地说：“立体主义、未来主义是艺术方面革命的形式，它们曾预告1917年政治的和经济的革命。”

亚历山大·维斯宁在1918至1920年间从事抽象画的创作，参加过许多次国内的展览，也参加过几次出国展览。

左翼艺术家们积极参加了革命初期的宣传活动。标语、传单、招贴画、设计节日群众游行队伍，什么都干。为庆祝十月革命一周年，他们装饰城市，未来的红场这块地方的装饰就是由亚历山大·维斯宁设计的。第二年的五一节由维克多·维斯宁设计了这儿的装饰，并由此得到“红色建筑师”的称号。马雅可夫斯基说：“街道是我们的画笔，广场是我们的调色板”，正是这时艺术活动的真实写照。

这时候，几乎所有的先锋派艺术家都叫作未来派。他们的艺术思想是那样片面和极端。

未来派在卢那察尔斯基的支持下，占据了教育人民委员部的造型艺术司和下层有关文化艺术的各级机构、学校、博物馆、展览会，掌握着出版和经费管理。两个最有影响的群众组织，左翼艺术战线和无产阶级文化协会，里面也大都是未来派，后者还有国际性组织。他们对西欧的先锋派文化艺术运动起过推动的作用。康定斯基、塔特林和马列维奇在教育人民委员部的艺术国际办公室里工作，跟卢那察尔斯基一起筹备“新艺术国际第一次代表大会”①。卢那察尔斯基说过：“超现实主义者正确地懂得，在资本主义制度下，革命知识分子的任务是否定资产阶级的各种价值。这种努力值得鼓励。”

欧洲、俄罗斯和十月革命后初期苏俄艺术界的这些情况，是理解苏联早期建筑思潮的钥匙之一，只有理解那些思潮，才能评价维斯宁兄弟的作用。

（三）

理解苏联早期建筑思潮的另一把钥匙是所谓“生产艺术”的发展，也就是构成主义的形成。这是一把更加直接，更加重要的钥匙。

维斯宁兄弟正是构成主义在建筑界的最杰出代表，它的旗手。

跟先锋派文艺潮流的产生和发展同时，从19世纪末叶以来，另有一种潮流在酝酿，这就是为大工业产品寻找美的形式的“生产美术”。因为各种先锋派艺术都深深受到科学技术和大生产的影响，所以它们跟生产美术常常搭接，彼此渗透。

工业革命之后，机器产品取代了手工产品，成了生活中主要的物质因素。手工产品经过千百年的锤炼有它特殊的美，有它统一的风格。它曾经造成人们日常生活环境的诗意。但新的机器工业产品起初是简陋的、粗糙的，谈不上什么艺术风格。因此，物质生活环境的美学质量降低了。经济跟文化脱了节。19世纪下半叶，英国人莫里斯（William

① 后来没有开成。

Morris）和拉斯金（John Ruskin）发起了一个复兴手工艺的运动，企图用中世纪式的作坊来恢复生活中的美。开历史的倒车当然是行不通的，他们的运动失败了。到19世纪末，渐渐产生了搞新的适合于机械化大生产的生产美术的思想。

1907年，在慕尼黑，由一些建筑师、装饰艺术家、工业家等组成了“德意志工业协会”（Deutscher Werkbund），为首的是沐迪修斯（Hermann Muthesius）和范·德·维尔德，它的宗旨是为建筑和各种实用品探索艺术风格。起初，沐迪修斯也是倾向于手工业的，不过并不反对机器工业。后来，协会拗不过历史潮流，终于提倡在现代大工业基础上改造实用品和建筑。要使家具、餐具、工具、印染、建筑、车辆、船舶等的艺术风格跟机器生产的工艺条件相适应，从而创造出人们整个物质生活环境的工业化新风格，使经济跟文化重新统一。

建筑师贝伦斯（Peter Behrens）、格罗庇士、密士（Ludwig Mies van der Rohe）、道特和霍夫曼（Josef Hoffman）都是德意志工业协会的积极参加者。1911年，格罗庇士设计过汽车、火车头和轮船的造型。

这种生产美术的理论基础是：“技术美学”或者“机械美学”。技术美学最初是由未来主义者用狂热的语言宣告诞生的，带着浪漫主义的激情和理想。马里内蒂在1909年的《未来主义宣言》里宣告：“一辆外壳上装着大筒和蛇形排气管的赛车，……一辆像炮弹一样呼啸而过的汽车，远比萨摩德拉斯的胜利女神像更加美丽。”圣伊利亚在1914年的宣言里写道：“正像古人从自然的因素里找到他们的灵感一样，我们——物质上和精神上都能干的人——必须在我们所创造的新的机械化世界中找到我们自己的灵感。”

技术美学总是跟功能主义密切联系着的。伯奇奥尼在1914年的宣言里说：“轮船、汽车、火车站等，越是要求它们的设计服从它们应该满足的需要，就越有美学上的表现力。”“正是人们生活必需的建筑物创造了真实的活生生的美感。”

不过，未来主义者的技术美学和功能主义，作为理论，毕竟还是萌芽状态的。当时推动生产美术大发展的，还是德意志工业协会1914年在科隆举办的展览会。它的实际成果轰动了欧洲。不久，协会最年轻的领导人格罗庇士在1919年创立了“包豪士”[①]，这是培养新型的工业产品设计师和建筑师的学校。1923年，在苏俄构成主义者的影响下，格罗庇士在《备忘录》里写下了“艺术与现代技术——新的统一”，作为新的教学方针，改革了教学。从此，包豪士就成了西欧的生产美术和技术美学的中心。

大约同时，1920年至1923年间，勒·柯布西耶在杂志《新精神》上鼓吹“纯粹主义”，陆续发表了后来收在《走向新建筑》里的文章，使技术美学和功能主义理论趋向完备。他的著作在苏联很有影响，吸引了马雅可夫斯基。1923年，卢那察尔斯基给柯布西耶相当高的评价，说他是“知识分子中的优秀部分”，“理论很出色”。

由德意志工业协会、构成主义者和包豪士等开辟的工作，后来叫作“物质环境艺术设计”（Художественное конструирование）[②]。

构成主义是在苏俄形成的。

十月革命后的苏俄，对生产美术很早就注意了。1918—1921年间，在人民教育委员部的造型艺术司之下设了一个“艺术生产苏维埃”（Художественно-производственный Совет），下面有分支机构，负责在工厂里组织艺术车间。1920年10月，在最高国民经济会议（ВСНХ）下设了个“艺术生产委员会”，负责工业生产中的美术设计。这两个机构都旨在把艺术跟生产结合起来。对苏联艺术的发展起重要作用的，是1920年3月建立的艺术文化研究所，隶属人民教育委员部造型艺术司，存在到1924年。人民教育委员部卢那察尔斯基支持和重用先锋派艺术家，当时几乎所有有影响的流派的代表都参加了艺术文化研究

① 1933年，德国纳粹取缔了包豪士和德意志工业协会。后者于1947年在杜塞尔多夫重建。

② 1910年在奥地利，1913年在瑞士，1916年在荷兰，也建立了类似德意志工业协会的组织。

所，康定斯基是主持人，他拟了一份大纲作为艺术文化研究所的指导思想，搞无客体、无形象的抽象艺术，研究音乐、绘画、雕刻等纯形式的造型方法，以及它们对人们的心理效应。在列宁格勒，另外设立了一个“国立艺术文化研究所”（ГИНХУК，1923—1927），以马列维奇为首。

1918年，在艺术文化研究所成立之前，苏俄艺术界就开始了大辩论，有人对抽象艺术发动了批判。因为各种先锋派艺术家都集中到艺术文化研究所里来，所以大辩论也就在艺术文化研究所达到高潮。

1919年4月，当时任莫斯科苏维埃主席的加米涅夫说：“……丑角已经太多了，工农苏维埃政府今后对未来派、立体派、意象派等不再发补助费。这些丑角不是无产阶级的艺术家，他们的艺术不是我们的东西，那些都是资产阶级的魔术，是资产阶级颓废生活的产物。我们所需要的是工农大众所理解的真正无产阶级的艺术，我们必须创造出这样的艺术来。只有为无产阶级所了解的，为无产阶级兴味所寄的艺术流派才有向政府请求补助的权利。未来派、立体派以及其他一切艺术上的现代主义，便不是我们所要求的东西，所以只有把这些艺术当作毫无用处的绊脚石一脚踢开。”

在艺术文化研究所里，主要的批判对象是康定斯基、马列维奇和李西茨基。批判他们的唯心主义、神秘主义，批判他们脱离生活、脱离无产阶级。焦点就是批判抽象艺术。

这场批判使先锋派艺术家分裂。绝大部分的未来主义左翼艺术家转到批判的立场上来。批判者的基本口号是“把艺术溶化到生活中去”，“使艺术尽可能地接近人民”。左翼艺术家对这两个口号的响应是纷纷用生产美术来代替了原来的主张。这是因为：第一，各个流派本来就深深受到当时科学技术和大工业生产的影响，以未来主义最突出，而20年代初，西欧的生产美术又正蓬勃发展；第二，左翼艺术家的大多数对工人阶级专政的新社会满怀热情，国民经济恢复时期将要来临，建设新世界和新文化的理想鼓舞着他们，而新文化被理解为产业工人生产出来的文化；第三，他们所熟悉的抽象艺术的技巧，用之于工业产品以提高它们的美学质量，是很适合的。

当然，向生产美术的转变也并非认识完全一致，步伐完全整齐。

1920年，在大辩论中，甘发表了《构成主义宣言》。这是第一次在文字中出现“构成主义”这个词。他鼓吹技术的“光荣”，反对“艺术的思辨活动”，要发动一场“无条件地反对艺术的战争”。他认为，新的艺术品不再是在平面的画布上去描画实际上立体的物，而应当直接去制作立体的物，这就是“构成”，据他的定义就是“把不同的部件装配起来的过程”，而这个作为新艺术品的立体的物，是实用的。

塔特林和罗钦可一起，声明反对至上主义，自称“生产主义艺术家”。他们提出：“艺术已经死亡！机械的艺术万岁！”最旗帜鲜明地转向生产艺术，而这和他们原先搞的用玻璃、塑料、木片、铁丝、纺织品等做的抽象雕塑在技巧上是很容易沟通的。

生产艺术和技术美学在大辩论中很快占了上风。1921年，甘、塔特林、罗钦可、斯捷巴诺娃（В. Ф. Степанова）和斯琴别尔格兄弟（Братья Стенберги）等在艺术文化研究所内部组织了第一个构成主义者组织。[①]当时，在先锋派艺术家眼里，构成主义是唯一可以跟新社会合拍的。他们倡导创造人们优美的物质环境，积极引导生活的方向，探索新技术和新材料的美学可能性，钻研新技术的规律用于建设。构成主义者从事新的机器工业产品的美术设计，包括陶瓷、服装、家具、餐具、工具、印刷、舞台美术和建筑等，大大提高了它们的水平。

艺术文化研究所的另外两个成员，派夫斯纳兄弟，在大辩论中发表了《现实主义宣言》。同样也要求艺术跟生产相联系，说：“只有生产才是真正的现代性”。不过，他们基本上没有离开原来的抽象艺术的立场。在他们的宣言里说：“艺术的革命必须以艺术家的完全自由为前提。”他们仍然把表现运动节律和空间深度等当作艺术创作的首要目的。作为雕刻家，他们说：“雕刻品不再局限于它的实体，它必须溶入

① 另有材料，说塔特林和罗钦可在1920年3月成立了“构成主义者第一工作队”。

空间之中，以一切方法表现空间。体积已不再是空间的唯一表现。”因此，雕刻品不应当是一块实体，而是一个空架“结构”。雕刻品也不应当显示重量，而应当尽可能轻灵，所以，他们有一些作品是悬挂着的铁丝“结构”。材料则喜欢用透明的，如玻璃和塑料。

派夫斯纳兄弟不搞生产美术，坚持抽象艺术，因此，在大辩论中被人称为“纯”构成主义者，他们后来也这样自称。他们的“构成”，其实有“结构”的意思，这两个词本来是一样的。

同时，由于大部分构成主义者积极参加新生活的建设，而在20年代，建设正是最响亮、最有浪漫主义激情的口号，所以“构成”这个词也会有“建设”的意思，这两个词也是一样的。

大辩论声中，到1920年12月，在艺术文化研究所的协助下，成立了莫斯科高等艺术技术学院。12月19日在列宁签署的政府决议中说：莫斯科高等艺术技术学院“是艺术-技术-工业的最高专门教育机构，宗旨在为工业生产培养最高水平的艺术大师，以及技术职业教育的设计人和领导人”。这所学院设立一个“艺术部”，包括雕刻、绘画、建筑三系，还有一个“工业生产部”，包括印刷、染织、陶瓷、木器、金属用品等几个系。它是世界最早的新型工业美术学校，为“艺术设计家”（Художник-Конструктор）的培养开辟了道路，是“物质环境的艺术设计”的奠基者之一。

它的教学方法的重要特点之一是：每个学生，不论什么专业，都要经过共同的基础训练，这就是把科学技术跟艺术结合起来，在现代科学技术基础上，教给学生造型的语言和法则、色彩规律、色与形的关系、空间构图、构成原理等。要把这些跟社会的、功能的、大生产的艺术设计结合起来。莫斯科高等艺术技术学院教学的这些特点后来流行到全世界。

艺术文化研究所里的许多艺术家到莫斯科高等艺术技术学院教书，包括塔特林、罗钦可、马列维奇、安东尼·派夫斯纳。康定斯基和李西茨基曾经在开始的时候来任教。亚历山大·维斯宁在1921—1924年间到艺术文化研究所工作，同时，1921—1930年间跟二哥维克多一起在莫斯科高等艺术技术学院教书。

1926年起，莫斯科高等艺术技术学院改名为高等艺术与技术学院（ВХУТЕИН），教职员工大体是原班人马，方针起初照旧，后来在批判未来主义等过程中随着全国文化的潮流逐渐转向传统，1930年结束。

由于抽象艺术受到俄共（布）和政府领导下的彻底批判，康定斯基于1922年出国。同年，在柏林举办了第一次苏俄美术展览会，纳乌姆·派夫斯纳（即Gabo）负责构成主义部分，会后他没有回国。这次展览轰动了德国，包豪士的师生几乎全部从魏玛赶到柏林参观。后来，康定斯基和纳乌姆·派夫斯纳都到包豪士任教，推动了1923年包豪士教育方针的改变。1923年，安东尼·派夫斯纳也出国，第二年两兄弟一起举办了“俄国构成主义”展览，又产生了很大的影响。此外，李西茨基在1921至1925年间出国到德国和瑞士居住，参加了风格派。1922年跟凡·杜埃斯堡发表《构成主义国际宣言》。于是，那一种“纯”构成主义者把构成主义从苏俄传播到西欧，以包豪士为大本营。后来，勒·柯布西耶也接受了它。

在苏联，构成主义，连同生产美术和技术（机械）美学，在左翼艺术战线成立后更加高涨。左翼艺术战线于1922年成立于莫斯科，是一个群众性文艺团体，成员有诗人、艺术家、艺术评论家等，以马雅可夫斯基为首。艺术家和艺术评论家里有许多是艺术文化研究所的成员和莫斯科高等艺术技术学院的教员，包括塔特林、罗钦可、斯捷潘诺娃等，所以，其实就是些构成主义者。亚历山大·维斯宁在1924年参加了左翼艺术战线的建筑组。左翼艺术战线的出版物先后有《左翼艺术战线》（*ЛЕФ*）（1923—1925）和《新左翼艺术战线》（*Новый ЛЕФ*）（1927—1928），由马雅可夫斯基主编。*

* 马雅可夫斯基于1928年退出。1929年ЛЕФ解散，同年，马雅可夫斯基牵头组织了РЕФ（艺术界革命战线）。

左翼艺术战线的理论家认为，艺术是“生活的建设”，是“社会订货”，不是艺术家自己主观精神的扩展，艺术家要完成工人阶级委托的任务。他们的纲领是搞生产美术，号召创造有实用价值的工业产品。他们提倡“形式的革命”，探讨全新的工业化社会的物质环境的统一风格。他们当然蔑视古典遗产。

另一个群众性文化团体，无产阶级文化协会，在艺术方面也是这种主张。它认为，无产阶级文化只能由产业工人在车间里生产出来。1923年5月25日在莫斯科通过它的纲领，其中《艺术问题提纲》里说，无产阶级必须：一、使文艺创作服从于科学地认识了的手法与方法。用社会和技术的合理性原则，取代盲目崇拜的“为艺术而艺术”的原则……二、把文艺从匠艺、手工方式提高到高级形式的技术；三、艺术应当是日常生活不可缺少的一部分，既包括积极的表现形式，……也包括物质上起作用的形式……四、在社会主义社会中，艺术生产归根结底应当生产财富，通过有意识的调节，以满足社会对实物艺术生产的需要。

在这种形势下，20年代，生产艺术在苏俄大大兴盛。绝大多数还被笼统称作“未来主义者”的左翼艺术家，搞起了“生产美术”，热烈赞同“技术美学”，从此又笼统地叫作构成主义者。

使艺术产品直接由工人阶级生产，为工人阶级所用；为新社会创造新的物质环境，体现社会主义原则和高度发达的现代科学技术，消除资产阶级和小市民的偏见、传统和习气，那些消极的东西都体现在旧的物质环境中。这就是当时苏联生产美术家们跟西欧生产美术家区别的基本观点。跟一切剥削阶级的奢侈豪华生活方式对抗，他们提倡经济、朴素、实惠，要在日常用品中体现出民主性和新型的人与人的关系。他们对这些思想是很认真的，例如，有些餐碟底下印着“不劳动者不得食”这样的口号。连马列维奇也在1924年发表声明说：“至上主义把它的重心移到建筑上来了。”同时，展出了他创作的一大批设计和模型，对20世纪新建筑形式的发展有很大的意义。李西茨基于1926年回到祖国，在高等艺术与技术学院教书，在印花布设计和展览会布置等方面做出了很大的成绩。

亚历山大·维斯宁则在宣传画、展览会布置和舞台美术做了大量工作。

使用现代材料和现代工业技术的出色的例子，有罗钦可设计的胶合板模压成型椅子（1925）和塔特林设计的钢管椅子（1927）。

1925年，在巴黎举行的国际现代装饰艺术和工业美术展览会上，苏联的展品受到广泛的重视。这个展览会的苏联馆是美尔尼可夫设计的，被认为是苏联的第一座现代建筑物。

构成主义的建筑，常常被回溯到构成主义这个名称正式诞生之前。最早的作品一般认为是塔特林的第三国际塔楼（1919—1920），纳乌姆·派夫斯纳的赛尔普巧夫的无线电台（1919）和李西茨基设计的列宁讲台（1920—1924）。他们都表现出了强烈的技术美学思想，对现代技术的浪漫主义的赞颂。这三位作者都是美术家，设计方案毫无实现的可能，但对苏联早期建筑思潮有很大影响。

构成主义建筑的诞生也跟艺术文化研究所和莫斯科高等艺术技术学院关系密切。早在艺术文化研究所内部，新建筑就有了大体两种倾向：一种以拉铎夫斯基（Н. А. Ладовский）为代表，专注于抽象造型；一种以亚历山大·维斯宁为代表，更重视功能和技术。这两个人都在莫斯科高等艺术技术学院教书。

拉铎夫斯基于1923年组织了“新建筑师协会”。到1930年它合并到全苏建筑科学协会莫斯科分会之前，它的主要成员先后有：建筑师多库查也夫、克林斯基、鲁赫良节夫（А. М. Рухлядев）、布宁（А. В. Бунин）和李西茨基等；有美术家罗钦可和科洛廖夫（Б. Д. Королёв）等。新建筑师协会的成员有时被叫作“理性主义者”，有时也笼统地被叫作构成主义者。他们做建筑设计，力求用最新的建筑材料、结构和技术创造富有表现力的形式，充满感情，韵律鲜明。拉铎夫斯基研究人对体、色、空间的反应的规律，探讨抽象的构图对运动、节律、无限等的表现方法。成员们积极参加建筑设计竞赛，但受到他们基本观点的限制，成就不大。李西茨基的创作活动比较广泛，搞了许多实验性建筑设计，叫作“新见解设计”（ПРОУН），包括城市集中式竖向发展的设想（1923—1925）。为《真理报》大厦做过设计（1930），建设过工人住宅区（1926），也搞过家具设计。他是苏联大型展览会设计艺术的奠基人，把展览会当作一个艺术整体。在舞台美术、书籍装帧、照片拼接等方面都有开创性的贡献。所有这些工作中，李西茨基都注意使用新技术、新材料，力求构思新颖。

新建筑师协会成立之初，声势很大，大部分苏联建筑师参加进去或者准备参加。

但1925年，左翼艺术战线的建筑组成员，亚历山大·维斯宁、金兹堡、巴尔什、布洛夫、索波列夫（И. Н. Соболев）、奥尔洛夫（Г. М. Орлов）和各洛索夫等，从新建筑师协会脱离出来，成立了现代建筑师协会。他们的旗帜是构成主义，口号是“功能方法”“打倒折衷主义”“功能思维方法万岁，构成主义万岁！”现代建筑师协会真正完成了建筑中的构成主义。它的主席是亚历山大·维斯宁，主要理论家是金兹堡。维克多·维斯宁加入了这个组织，成为它在创作上最杰出的代表。现代建筑师协会的刊物叫作*CA*（1926—1930年间出版）。

维斯宁兄弟做的莫斯科劳动宫设计（1922—1923）、列宁格勒《真理报》驻莫斯科分社大厦设计（1924）和金兹堡的纺织工业部大厦等，是现代建筑师协会成立之初的“样板”，一时模仿的人很多。*CA*的负责人之一列昂尼达夫感觉到构成主义有变成一种公式化的“风格”的可能，于是，在刊物上发起一场讨论，反对模仿成功之作，提倡不断寻找新的可能、新的形式。方法就是科学地对待建筑的功能任务，利用最新的结构和材料，搞工业化，搞标准化，等等。提出了一个重要的原则：“为建设新生活、建设新世界服务”，“应当在新生活的建设中解决建筑的课题”。

因此，虽然现代建筑师协会也致力于创造新的建筑形式，反映新技术、新功能，但远远不限于创造新形式，于是就跟新建筑师协会有了明确的区别，并且使它探讨新形式的途径也大不同于新建筑师协会，显得更理性，更有目的性，更合乎建筑本身的功能与技术特点。

构成主义者认为“建筑是社会的聚光镜”，每幢房屋、每个建筑群、每座城市，都是未来社会的缩影。因此，建筑创作要服从共产主义的大目标。建筑是一种科学，它要服务于改造经济、社会、政治、生活方式和人本身，是完成布尔什维克在这些方面提出来的任务的特殊工具。它的功能是和其他一切“生产美术”的实用品一起把物质的生活环境造成铸造新人的模子。

有些人从事工业建筑设计，把工厂当作建设新世界的动力机，当作工人阶级的宫殿；有人在集体精神之下，在计划经济之下探讨住宅的新形制和居住区的规划原则；有人开始设想新城市，所有居民都是平等的劳动者，要使他们的生活既舒适又方便；有人在城市规划方面提出了人口分布的新原则，主张分散城市，以便消灭城乡对立；他们积极搞劳动宫、文化宫、俱乐部等，为的是推动文化革命，消灭体力劳动和脑力劳动的对立，并且从那儿创造出工人阶级自己的文化来。也有一些人，做了“公社大楼”设计，这是一种新型的公共居住建筑，没有个别家庭的单独门户，儿童集中抚养，意图在于消灭家务劳动，解放妇女，培养集体主义精神。

在20年代，构成主义者的种种新探索都有空想的性质，过于浪漫主义，过于理想化。所做的设计大多是不能实现的，或者造起来之后有不少缺点。但是，他们探索的大方向，是为了建设共产主义的新世界，这种热情是很好的，这种努力是有价值的，这种自觉性是应当坚持下去的。这些探索把他们跟西欧的构成主义建筑师和现代派建筑师划清了界限。他们站在社会发展的更高一个台阶上。

这些探索，对西欧当时进步的建筑师发生过明显的影响。1927年，在德意志工业协会斯图加特展览会上，密士、格罗庇士、勒·柯布西耶等人设计的魏森浩夫居住区；后来柯布西耶设计的马赛公寓和他的一些城市规划理想等，都在不同程度上汲取了现代建筑师协会的某些构想。

苏联的构成主义者对世界现代建筑的发展作出了重大的贡献。维斯宁兄弟是现代建筑史上最重要的先驱者。不过由于特殊的历史条件，长期使他们没有得到应有评价。

这个特殊的历史条件，就是从20年代末期开始，对以未来派和立体派为代表各种先锋文艺流派的批判，渐渐波及建筑。本来，20年代初期，抽象艺术遭到批判后，大部分先锋派艺术家转到包括建筑在内的生产美术领域里来，搞物质环境的艺术设计，发挥他们的技巧特长，这是很好的。但是，对于建筑的根深蒂固的传统观念，使得一些人觉得，在建筑中也应当跟在绘画和雕刻中一样，崇敬古典遗产，继承俄罗斯的老传统，也要清除未来派和立体派的种种迹象。于是，从20年代末期开始，一些文艺杂志和政论杂志以及“全苏无产阶级建筑师协会”起来批判现代建筑师协会的构成主义。1931—1932年的苏维埃宫设计竞赛，把新古典主义树立为样板。1932年，取消文艺流派，也把建筑包括在内。于是，一场蓬蓬勃勃的创造新建筑的运动被压制下去了。1937年，在第一次全苏建筑师代表大会上，提出了一个“社会主义现实主义”的创作方法，它的定义是：“在建筑领域中，社会主义现实主义意味着把思想表现跟艺术表现的真实性密切结合起来，同时，使每幢建筑物适合于它固有的技术、文化和功能要求”。比起现代建筑师协会的构成主义主张来，这个“方法”是很落后、很片面的。

此后二十年之久，构成主义被当作帝国主义时期资产阶级腐朽思想的反映，是“世界主义的”，甚至被诬为“反革命的”“厚颜无耻的”。

维斯宁兄弟的建筑活动，从此转向教学和组织。

（四）

苏联构成主义建筑的极盛时期在1923—1932年之间，这也是维斯宁兄弟在建筑创作上最富有成果的时期。

十月革命后，三兄弟立即满腔热情，以自己全部智慧为人民工作。在最初困难的日子里，虽然他们还没有机会搞建筑创作，却已经严肃地思考着建筑问题。维克多和亚历山大后来回忆说："十月之初，我们就明白，决不可以像以前那样工作了。人类历史的新纪元已经开始，革命的风暴把阻碍新生活发展的一切东西一扫而光，……向建筑师们提出的任务是，要在自己的专业领域——建筑里，紧紧跟上新生活建设者的步伐，以自己的劳动促进和巩固争取到的地位，解决生活提出来新课题。"（"Творческие отчеты"，《苏联建筑》，1935年）重新估价了过去的工作，他们甩掉革命前银行、府邸、牟利房屋的传统，很快走上了新的道路。

从1918年起，老大和老二就参加了苏维埃时代最初的工业建筑和工人居住区的设计，他们在巴库等许多工业中心工作过。里奥尼德担任过沙都尔（Шатур）水电站的总工程师，维克多设计了且尔诺列奇化肥厂。他们严格地按生产流程的需要设计厂房，又充分考虑到工人的需要。他们设计的工人村是劳动、生活和文化教育的综合体。在当时的条件下，它们不能不是简单的、有点粗糙的，但它们已经初步具有了社会主义工业建筑和工人村的特征。有一些工人村成了当时的示范住宅区，住宅大多是标准化的，独家型，有庭园。在以后的几十年里，维斯宁兄弟始终关心工人建筑和工人住宅，重视它们的设计和建设。

20年代初，维斯宁兄弟陆续担任教学工作。亚历山大在莫斯科高等艺术技术学院教美术，一直教到莫斯科建筑学院。里奥尼德和维克多在莫斯科建筑学院和莫斯科高等艺术技术学院教工业建筑。他们认为，工业建筑最富有革命性，对折衷主义最不能调和，最需要功能和技术的推敲，最简洁、明确，又是苏维埃新社会最需要的，因此，工业建筑可以引导建筑师走上最宽广的创新道路。他们认为，工业建筑是训练新型建筑学学生最好的课题。

他们同时也开始在先锋派美术和技术美术影响下探索新的建筑形式。革命前的那种业主要什么就给什么的设计方法不行了。用庄重的柱式装饰起来的银行、府邸、牟利房屋的立面，不过是“巨大的石头和灰浆做的假面具，每个建筑师都能靠自己的聪明才智和图书馆找到建筑物的时装”（Достижение Современной Архитектуры，1928，М. Я. Гинзбург и В. А. Веснин），而“新生活要求新的造型，这种造型只能求助于材料和新技术”（1929年亚历山大·维斯宁在艺术科学院空间艺术部会议上的发言），必须跟传统的建筑形式决裂。

用材料和新技术来获得新的造型，这是技术美学的主旨之一，在建筑创作上并不新鲜，塔特林已经造成了第三国际塔楼的模型，纳乌姆·派夫斯纳也完成了赛尔普巧夫的无线电台设计。但是，维斯宁兄弟跟这些空想家们完全不同，他们把新的造型建立在“功能方法”的基础上。从解决实际的功能问题出发，运用新技术和新材料，创造出新的造型来。这就是崭新的构成主义建筑的原则。所以，勒·柯布西耶后来曾经把亚历山大·维斯宁叫作“构成主义的奠基人”。

这种构成主义原则的第一个体现者是1923年间设计的莫斯科劳动宫。这个设计后来被认为是苏维埃新建筑的起点。

这座劳动宫，就是后来的所谓苏维埃宫。1922年内战结束，召开了第一次全俄苏维埃代表大会，会上，基洛夫倡议在莫斯科造一幢建筑物，“这幢建筑物应当是我们和西欧繁荣强大的共产主义前景的标志。我们要建造工人和农民的新宫殿，我们要集中全国的财富、动员工农的全部创造力来建造这座纪念碑，要向我们的朋友和仇敌表明，我们这些‘半亚细亚人’，迄今为止被人鄙视的人，能够用敌人们想都想不到的纪念物来装饰这罪恶的大地”。

这座新宫殿起初定名为劳动宫，1923年由莫斯科苏维埃主持了设计竞赛。参加竞赛的方案五花八门，各种流派、各种思潮都反映出来了。古典的和中世纪式样的方案虽然还有，但最触目的是所谓“工业化象征主义”的方案。在这些方案中，整座建筑物或者它的局部，被设计成起重机、齿轮、锤子与镰刀等模样，用来装饰的是无线电天线塔、铆钉、螺丝钉、五角星等。这些方案表现了一些建筑师对社会主义工业化的浪漫主义热情，表现了未来主义对机械文明的礼赞，左翼艺术战线关于由产业工人在机器旁边创造社会主义新文化的偏激和初期技术美学的片面性。但是他们都没有从建筑本身的特点出发，没有解决建筑的实际问题。它们只不过是些空想。

维斯宁兄弟冷静地、理性地对待了这项设计，按照功能方法，他们把建筑物分解成两部分，一部分是椭圆形的8000人的大剧场和一个2500人的小剧场，另一部分是20层的塔楼，作为各种工会的活动场所。塔楼的底层就是剧场的门厅。功能布局合理、清晰，它决定了建筑物的体型（图一）。大剧场采用古希腊的形制，没有革命前惯用的楼层和包厢，每个座位的视线条件都很好。它是世界无产阶级的大会议厅。小剧场跟大剧场对着，之间的墙是活动的，需要时可以撤掉。结构是钢筋混凝土框架，塔楼立面用垂直线，强调它的高度，因为劳动宫在莫斯科市中心，有几条干道交汇到它跟前。建筑物的形式完全摆脱了旧时代的框框，没有柱式，没有装饰，袒露着结构。大体型不求对称，几部分的组合表现出内部的功能。内部则适应框架特点，采用流通空间。流通空间以后一直是维斯宁兄弟的基本手法。不过，劳动宫形式的处理还很不成熟，手法过于简单，没有充分表现出劳动宫的公共建筑性格。屋顶上张挂着的高高的天线，不过是装饰而已，多少有工业化象征主义的影响。

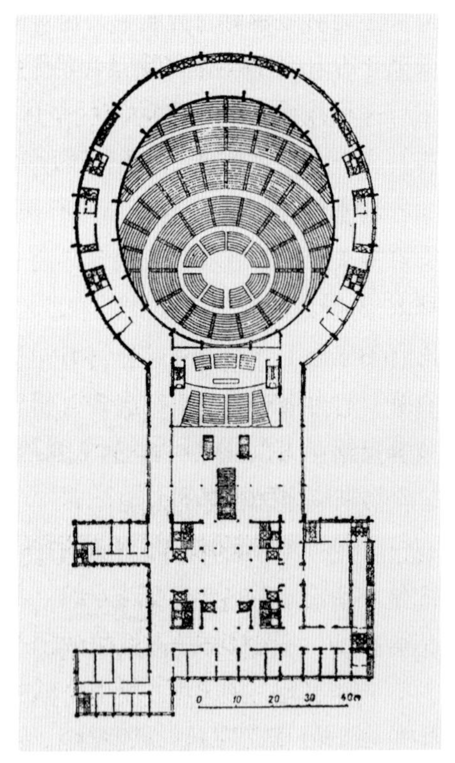

图一　莫斯科劳动宫平面

虽然这个方案没有中选，但是由于它的设计原则的现代性，所以后来被公认为里程碑式的作品，是构成主义的纲领性代表作。

1924年设计的列宁格勒《真理报》莫斯科经理部，是一座六层的方塔，占地只有10米×10米[①]。虽然功能比较简单，建筑物也不大，但是它的造型很有特色，曾经被推崇为苏维埃的帕特农。造型主要是亚历山大设计的，他运用抽象艺术的技巧，精心分划立面，推敲构件的粗细，适当布置体型的变化，造成了十分典雅的形象。这个设计也表现出未来主义的影响：两部电梯在透明的玻璃梯井里上上下下，在街上就能看见；顶上装着个探照灯，白昼也光芒远射；它下面是个很大的时钟，三层、四层斜探出一块高高的屏幕，用光线打出当天要闻。这些机械装置跟建筑很统一。

不过列宁格勒《真理报》莫斯科经理部大厦（图二）的风格没有在维斯宁兄弟其他作品里继续下去。20年代中期成为他们风格的代表的，倒是APKOC风格。APKOC是苏英贸易股份公司，1924年，维斯宁兄弟设计了它在莫斯科的办公楼（图三）。它的风格比较简洁。用钢筋混凝土，每个立面都是平片，窗子不连续，有相当大的窗间墙；体型错落有致；没有丝毫装饰，没有丝毫古典建筑的痕迹。属于这种风格的，有莫斯科中央电报局（1925）和伊凡诺夫城的人民之家（1924）、农业银行（1927）等。这些建筑物的平面设计已经很熟练，框架结构的特点运用自如。1925年设计，1929年建成的莫斯科的矿业学院大厦，大体上也是这种风格。

这种APKOC风格过于单调，过于简单化。正像里奥尼德和维克多自己说的，中央电报局的设计，追求的是“生产建筑”的风格。现代建筑师协会成立之初，在*CA*中，一些极端的构成主义者鼓吹：建筑无须表现力，无须艺术性。维克多虽然曾经反对这种观点，但是斗争不力，收效甚微。他们自己的作品，这时候也不免于缺乏表现力，缺乏艺术性。但是，到1927年，维斯宁兄弟的创作进一步成熟。他们设计

① 一说为6米×6米，但参照平面图，当以10米×10米为确。

图二　列宁格勒《真理报》莫斯科经理部

的玛采斯达的疗养院和巴库的勃拉伊洛夫（Браилов）俱乐部，就不再是光秃秃的方盒子，它们的体型更复杂，立面有层次，用廊子、雨罩、阳台、柱廊等造成光影和虚实的强烈对比变化。1928年的莫斯科列宁图书馆（图四）设计方案也是这样，不过体积组合更复杂，形象更丰富得多。

莫斯科涅格林诺大街的百货大楼（1925）和克拉斯诺·普列斯尼大街的百货商店（1926—1928），正面全用大面积的玻璃幕墙（图五），基铺的火车客运站，试图更坦率地在外观上表现内部

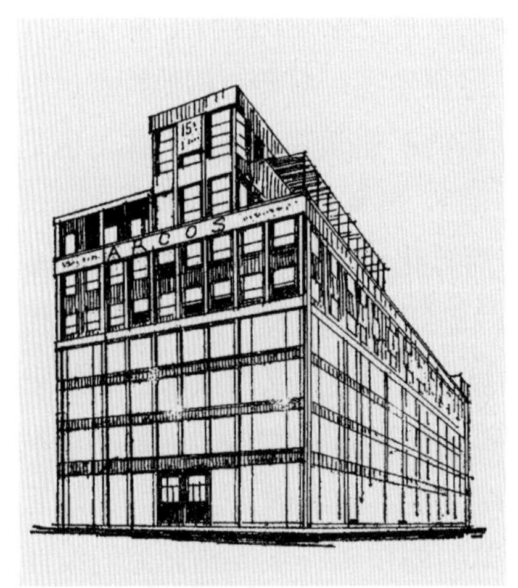

图三　APKOC大厦

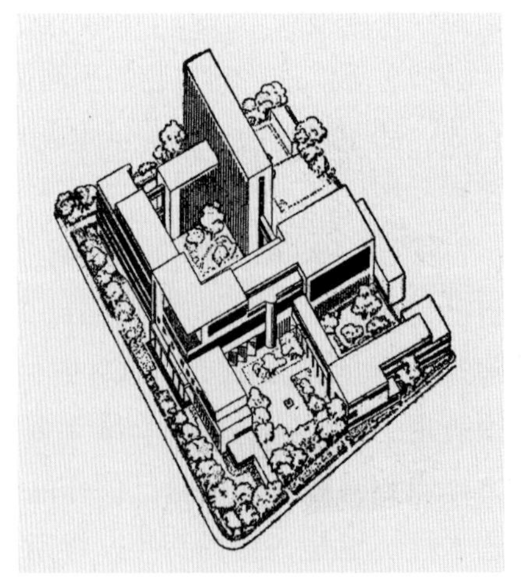

图四　列宁图书馆大厦方案

空间，可以看出维斯宁兄弟对现代建筑的可能性不倦地探索着，并不局限于一种造型手法和风格。

到30年代初，维斯宁兄弟创作了他们最重要的三个建筑设计，苏联构成主义建筑的三个代表作，这就是哈尔科夫的群众音乐表演剧院，莫斯科的无产阶级区文化宫和德聂伯水电站。

1930年举行了哈尔科夫剧院的国际设计竞赛，有145份方案竞选，包括美国、法国、德国、意大利、瑞典、日本等国建筑师的作品。维斯宁兄弟的方案获得了头奖，评委会说他们的设计比其余的更认真地解决了实际问题，考虑到了真正的建造（图六）。

当时的理论家认为，戏剧演出必须是群众性的，要有几百人上台，要真刀真枪打仗，坦克车要开上台去。观众厅也要大，哈尔科夫这座剧院的观众厅预计要能容纳6000人。戏剧正在探索各种创新的道路，要求舞台一忽儿跟观众厅连成一片，一忽儿升起，可大可小，因此舞台的机械装置也很复杂。

维斯宁兄弟以很简洁的手法满足了这些要求。跟1923年的劳动宫相似，观众厅是圆形的，跟舞台在一个宽敞的空间里，易于变化，能够适应演出、过节、开大会的各种需要。容量可以在2000座位至6000座位

图五　莫斯科百货大楼设计

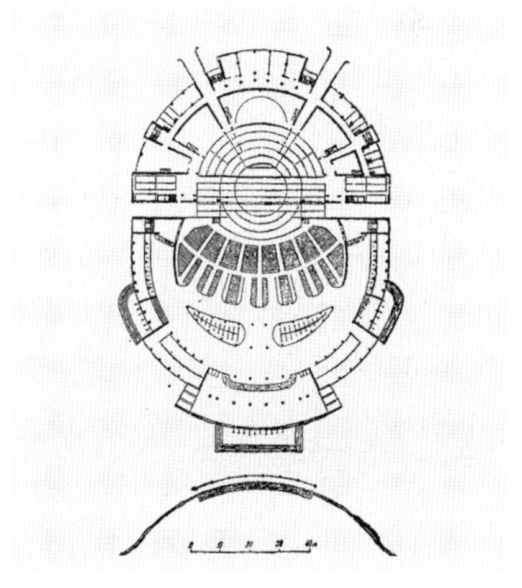

图六　哈尔科夫剧院

之间变化。同时，他们在设计说明书里写道：“圆形大厅最能适合观众平等团结……”1941年，维克多在讨论“社会主义现实主义”的谈话里提到这个设计说：“我们尝试把观众厅做成统一的散座，没有包厢和其他的特权者的座位，那类座位大大失去了我们这个没有阶级的、彻底民主的社会的基本思想。”维斯宁兄弟自觉地在建筑设计中体现社会主义的、崭新的人与人的关系，这就高出于单纯地解决功能、技术和造型问题，把建筑创作跟建设和巩固社会主义联系在一起了。

剧院的外形简洁朴素，不加掩饰地反映出内部各种功能的空间，但又统一、和谐，风格典雅，有强烈的现代感。老二和老三以后写道：“我们的哈尔科夫剧院的设计是最成功的作品之一。在这作品中，我们相当成功地获得了有机的建筑，内部空间跟外部形体统一，局部与整体统一，大体型简明精确、创造了新型群众性剧场的形象。”（“Творческие Отчеты”，《苏联建筑》，1935年，第4期）

可惜，当时全苏无产阶级建筑联盟大搞宗派主义，阻挠维斯宁兄弟的方案实现。他们硬把自己的成员莫尔德维诺夫和达茨亚（A. Таций）塞给维斯宁兄弟，搞什么“综合方案”。1931年，连莫尔德维诺夫自己也不得不承认重新做的方案比原来的差。后来，哈尔科夫剧院终于没有建造。

在哈尔科夫剧院设计竞赛的同时，1931年，举行了莫斯科无产阶级区文化宫的设计竞赛。参加的方案大都是空想的，玩弄工业技术，形式也是工业化象征主义的。于是，就委托没有参加设计竞赛的维斯宁兄弟做设计。设计在1932年完成，当年就开工建造（图七）。

设计的原则跟哈尔科夫剧院相仿，他们自己说：“……要解决舞台特点问题，为的是使无产阶级戏剧能够发展。”（“Творческие Отчеты”）后来造成的是一部分，包括图书馆、展览馆、演讲厅、科技活动室、餐厅和小剧场（1000座）。大剧场（4000座）没有造，所以总构图有缺憾。小剧场直到现在还是苏联功能最好的剧场之一。

德聂伯水电站的设计竞赛是1929年10月举行的。维克多带着几个

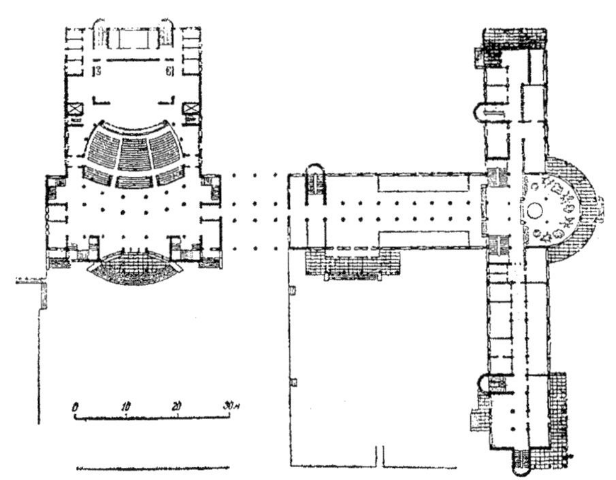

图七 莫斯科无产阶级区文化宫

学生做的设计被选中。1930年，他在德聂伯水电站建设工程处的技术委员会上描写他们的方案："建筑物长长的、有力的墙是平滑的，用天然石料贴面，一带凸窗强调了它的水平体型，稳静地展开，水电站因此显得突出一点，同时，构图上又跟整个枢纽联系在一起。"在这次会上，他又说，凸窗除了采光之外，又能"使大厅里工作的人可以跟大自然直接交往"。给工人创造健康的劳动环境，这是维斯宁兄弟一贯追求的。

卢那察尔斯基在方案评比会上赞扬维克多的设计，说："这幢建筑物是技术性的，可以只按工程技术的态度办事，不抱其他目的。……我认为，就是在这儿，也不妨做一次尝试——这是部分地由任务本身决定的——这就是，不要把它仅仅当作一个工业建筑物。……应该解决一个纪念性的问题，这纪念性不是由死板的大体积造成的，这纪念性要给人一种战胜自然力的印象，典雅的印象。这一条连续不断的玻璃窗，在过去的建筑里是根本做不出来的，现在它产生了很好的效果。六十年前的人，如果看到了这样的建筑，会觉得不可思议，会觉得这简直是幻想出来的形象。维斯宁把力量、轻巧和思想性结合在一块儿了。……我们应当创造新的纪念性，它充满了能量、力量和乐观主义，它总是教人振奋，……我的结论是：应当选中维斯宁的方案，……”（据维克多的私人材料）根据讨论中提出来的意见，维克多稍稍做了一点修改，水电站就照他的方案造起来了。这水电站[①]确实是“充满了能量、力量和乐观主义”的。维克多为这项工作获得了劳动红旗勋章。

国家计划委员会主席斯米尔诺夫在第一次全苏建筑师代表大会上说：“德聂伯水电站的美是什么呢？它的魅力何在呢？首先在于它的每一条线，每一个细部都服从于总的构思，服从于合理性，服从于这项工程的功能；其次在于德聂伯水电站在解决主要的技术课题和建设任务方面，在实际建造中都是先进技术的典范；再次，建筑物的基本躯体，是先进的技术要求所决定的基本结构和它的构件，没有跟建筑物外形的艺术加工发生分歧，这儿新的技术跟建筑的艺术形象结合得很严密。”（《苏联建筑》，1937年，7—8月号）这实际上成了对维斯宁兄弟的“功能方法”的很好解释。

在造德聂伯水电站的同时，规划并且建筑了它旁边的大查波洛什（Большое Запорожье）城。维克多在主持这项工作的时候，立意要回答“你充分地把我们的建设跟未来的社会主义建筑联系起来了吗？”这个问题。他的答案是建造花园城市。每个街坊都是个花园，而不是由商业街道划分的住宅区。

维克多十分重视住宅问题，认为这是社会主义城市建设的基本问题。他建议在大查波洛什城造两种住宅，一种是独家型的小住宅，一种是集体住宅。这种集体住宅有公共食堂、公共托儿所、幼儿园、洗衣室等等，使家务劳动公共化。这是流行的“公社大楼”的一种。维克多认为，把住宅完全造成公社大楼是不现实的，应当根据政府的指示，积极搞些试点，逐步改善，以后推广。公社大楼的设想，是当时改造生活的运动的一部分。目的在于解放妇女、消灭小生产的残余，并且培养集体精神，铸造社会主义的新人。有一些设想曾经过于极端化，如打算消灭

① 它长213米，高20米，深22米。二次世界大战后，由维克多的学生奥尔洛夫主持重建，略有改动。

对偶家庭，因为遭到普遍的反对，很快就不再搞了。

大查波洛什的住宅都采用国家的标准设计。维克多觉得不免单调了，对同僚们说：“……建筑师要考虑怎么样用最简单的方法去丰富并打破标准化的形式单调和色彩单调。……要利用巧妙的配色、显眼的装饰点、窗子的妥帖安排、局部加层等造成一种印象，教人忘记自己是站在标准设计的房屋前面。”他非常重视色彩的作用，说：“要大规模运用各种色彩来装饰整个建筑群，使它具有统一的色彩构图。”“形式和色彩都很单调的建筑物使人感到压抑。我们首先要克服这一点，最正确的办法是系统地使用色彩。”（均见各尔菲尔德：“Академики Архитектуры Веснины”, *Строитевная Газета*，1939年10月10日）

大查波洛什城于1939年初具规模，这一年在纽约的世界博览会上展出了它的模型，作为苏联建设成就的一个重要代表。

大约同时，维斯宁兄弟还参加过斯大林格勒、库兹涅茨克等城市的规划设计，力求体现“社会主义城市”的观念，就是使城市适合社会主义公有制的生活方式，包括集体化的居住方式。

（五）

正当维斯宁兄弟才华横溢、意气风发地进入创作的盛期时，一股强大的寒流笼罩了苏联建筑界。以功能合理、技术先进为前提的创新的探索受到压抑，华而不实的复古主义受到扶植。以社会主义的生活改造为口号的各种尝试也不得不停顿了下来。

事情的起因是20年代联共（市）中央批判了极左的无产阶级文化协会和左翼艺术战线，取消了它们，同时就批判了未来主义、立体主义等艺术流派，恢复了写实主义传统，提倡向历史遗产学习。因为未来主义者和立体主义者已经大批转入生产美术，所以连生产美术和技术美学都受到株连，1930年改组了莫斯科高等艺术技术学院的后身高等艺术与技术学院，把它纳入传统的美术学院的框框。

建筑是生产美术的一个最大分支，所以为建筑现代化而做的种种努力就被看成未来主义或立体主义的表现，从30年代初开始受到越来越多的批判。批判者在强调建筑形象的思想艺术意义的时候，把古典的遗产当作典范。

1932年4月23日联共（布）中央通过了《关于改组文学艺术团体》的决议，取消了各种流派的组织。这决议同样也在建筑界生效，取消了包括现代建筑师协会、新建筑师协会等在内的建筑团体，成立了全国统一的建筑协会。维克多被选为第一任主席。

1933年，大哥里奥尼德去世，给维斯宁兄弟创作集体一个沉重的打击。他是三兄弟里最擅长设计平面的。为纪念他，莫斯科市苏维埃命名一条街为维斯宁街。对建筑潮流的转变起决定作用的是莫斯科苏维埃宫的设计竞赛。这次竞赛是1923年莫斯科劳动宫设计竞赛的继续。从1931年开始，经过两轮竞赛之后，1932年2月28日，苏维埃宫建设委员会通过了决议，说："建设委员会并不预定某种风格，但是，认为探索的方向应该是既利用新的手法，也利用古典建筑中好的手法，同时要立足于当代的建筑和结构的技术成就之上。"第二轮竞赛里得特等奖的三个设计都是古典的或摩登古典的。

维斯宁兄弟设计的方案功能合理，形式新颖，但没有得奖（图八）。维克多被选进了苏维埃宫建设委员会，可是，苏维埃宫建设委员会发表了它的影响极大的决议后半个多月，维克多就在3月15日的《苏维埃艺术报》（*Советское Искусство*）上发表了一篇文章，叫《时代的语言》（Язык Эпохи），提出了针锋相对的驳难。他写道："苏维埃宫必定是我们这个伟大时代的纪念碑，只能用我们这个时代的语言来表现。古典形式的语言是过去了的语言，尽管它们以前是完美的，它们不能表现今天。"

维斯宁兄弟当然不可能抵挡由党和政府推动的复古主义潮流。斗争一天比一天困难，许多过去的构成主义者，维斯宁兄弟的追随者，这时候纷纷转向，并且把一切"过失"都推到了他们的头上。但是，他们仍

图八　苏维埃宫方案

然坚持着他们的观点，既不放弃，也不沉默。

1933年，为系统地、全面地改建莫斯科而设立了建筑工作室，维斯宁和金兹堡领导其中的一个。[①]工作室有一批建筑师，负责做市区一部分的规划和设计公共、工业和居住建筑物。1934年，奥尔忠尼启则建议重工业人民委员部设立建筑管理局，请维克多担任总建筑师。在这以后的大约十年时间里，维克多几乎领导着整个苏联工业建筑的方向。在他的直接领导下做了85个新工业中心的城市规划，设计了341个工业、公共和居住建筑，对建筑业的工业化贡献重大。

1935年，维克多向奥尔忠尼启则建议改组建筑管理局，把它扩大为城市规划和建筑统一的领导机构，下设五个部。但没有实现。

1936年，维克多又被任命为苏联建筑科学院院长。到1939年，他改组了科学院，按照他过去建议改组重工业人民委员部建筑管理局的设想，设立了几个部。他领导了大规模的建筑科学研究工作。

就在担任这些工作的同时，他们继续在建筑思想领域里进行着斗争。1934年，茹尔多夫斯基设计的莫霍瓦亚大街的住宅楼刚刚完工，莫斯科建筑规划局就把它树立为样板（图九）。这是一幢六层楼的住宅，完全依照帕拉提奥的手法，用科林斯巨柱式装饰了整个立面。一旦成为样板，影响很大，模仿作品大量涌现。维克多大为不满，坚决反对复制古董。他在工作室里公开批评茹尔多夫斯基，并且组织全室人员讨论。

① 到1936年，金兹堡因关于苏联建筑发展的道路与维斯宁意见分歧，从此分手。

图九　茹尔多夫斯基设计的莫斯科莫霍瓦亚大街住宅

他说，建筑师只有在自己时代的而不是遥远的过去的形象鼓舞下进行创作，才能算得上是真正的现代大师。

在越来越高涨的批判浪潮中，维斯宁兄弟跟金兹堡也做了一些自我批评。1934年，他们在一篇非常重要的论文《现代建筑问题》（“Проблемы современной архитектуры”，《苏联建筑》，1934年，第2期）里承认，“我们的建筑有时是方盒子式的，因为常常消极地理解几何面，没有给它适当的空间丰富性和深度。……在我们的建筑里有过多的抽象性，由于偏好，我们有意追求抽象性……”这自我批评是有分寸的，而在这篇文章里，他们基本上全面地捍卫了自己的观点。尤其在对待历史遗产的问题上，他们寸步不让。他们指出，提到历史遗产，应当包括三十年来的现代建筑，“那是直接挨着我们的昨天的建筑”。亚历山大说：“新的、社会主义的建筑，只能由妈妈生出来，不能由奶奶来生，不管她是位多么经典性的奶奶。”（见А. Чиняков：“Братья Веснины”，*Советская Архитектура*，No. 13）在那篇文章里，他们说：“真正的艺术作品不可能脱离生活，只有当它作为生活的果实，满足生活的需要时，才能有完美的、明确的解答。”

1934年6月14日，莫斯科的一些建筑师们被召到克里姆林宫里去，维克多也参加了。后来他回忆这次跟政府首脑的会见，说了他的感受：

“在建筑中不应当有凭空杜撰的、虚有其表的东西，不应当有一点浮华装饰，为效果而效果。任何时候都应当从正确的尺度、合理性和事物的本质出发，考虑到具体情况和施工条件，不许铺张浪费，华而不实。造房子要美观，要经济，任何场合都要关心苏维埃人的要求，精心使它更好些，更舒适些。”（“Это Запомнилось На Всю Жизнь”，《苏联建筑》，1939年，第12期）

针对一浪高过一浪的复古风，维克多和亚历山大在1935年继续写道：“显然，建筑形式是内容在一定的建筑材料中的具体化，而不仅仅由内容决定。建筑材料和施工技术在很大程度上制约着建筑形式，但是内容仍然是首要的。内容本身也不是固定不变，它处于变化之中。它受到许多因素的制约，而归根到底是生产力发展的水平。要充分理解，形式也不可能是固定不变的。把旧形式教条化，不论它过去多么美，都只会堵塞内容的发展。”（“Форма и Содержание”，《建筑报》，1935年4月8日）文章又说：“通过模仿建筑范例，是不能创造社会主义的苏维埃建筑的。应当在深入地理解内容的本质的基础上，创造地探索适应新内容的新建筑形式。必须以马克思列宁的世界观深入地理解生活过程，它的规律性和发展趋向。”“要掌握现代建筑和现代技术的全部成就。”

1936年，全苏掀起了“最后的”一场对“形式主义”艺术的大批判。《真理报》《共青团真理报》《文学报》等发表了许多文章。建筑的现代化倾向跟音乐、舞蹈、绘画、雕刻等的现代倾向一起遭到批判，一切现代倾向都被看作帝国主义时期的资产阶级艺术的表现。2月20日，《真理报》发表《建筑中的噪声》（Какофония в архитектуре），署名“建筑师”，批判所谓以结构、材料本身为艺术表现力的源泉，而要求建筑表现社会主义意识。

在这场声势浩大的批判运动压力下，1937年6月，维克多在第一次全苏建筑师代表大会上，承认以后的设计要有深刻的思想、饱满的形象，应当是高度艺术性的。不过，这并不等于他完全转变了方向。1938

年在工作室的年会上，维克多说：“建造美观的、多种多样的、构图丰富的但是花费又是最少的建筑，这是建筑师最困难的任务之一，同时又是建筑师对社会主义祖国所负担的责任之一，……”（维克多手稿）直到1940年，他还坚持说：“抄袭和模仿是达不到预期目的的。苏维埃建筑风格应是根本上崭新的。它必须充满生活情趣，明朗，没有大叫大嚷的盛装艳饰和纪念性，不要搞得沉重不堪。”（“Конец Зарядья”，*Московский Большевик*，1940年10月18日）

但是，在实际创作中坚持自己的道路，比写文章困难得多。1930年代上半期，批判运动已经开始，维斯宁兄弟还是用“功能方法”设计了莫斯科的“政治流放者俱乐部”（1931—1935），聂米洛维奇-丹钦柯音乐剧院（1933）和高尔基大街上的旅馆等现代化的建筑物，虽然大都没有造起来。但是，到了30年代末，维斯宁在创作中也不得不转向古典了。最明显的例子是莫斯科地下铁道的巴维列茨卡亚（Павелецкая）车站（1938）和苏联人民委员会第二大厦（1940—1941）。

政府大厦的设计经过两轮全国性竞赛，选中了维克多和亚历山大的。维克多说：“在我们的设计里，力求发展（第一大厦的）总构思，使建筑物更有表现力，更神气。同时，我们想把它的轮廓做得更端正、轻巧，跟广阔的红场和波平如镜的莫斯科河更和谐一致。”“我们的任务不仅仅是建造美观的、宏伟的建筑物，还应当使它适合于人民委员会的干部的工作需要。”（“Конец Зарядья”，*Московский Большевик*，1940年10月18日）作者思考的重点已经跟过去有明显的不同了。

它的外形相当陈旧呆板。一副做作出来的威严相，而且使用了柱式构图。促使维斯宁兄弟在30年代后期转变的，是1934—1938年间的重工业部大厦设计竞赛，它的作用比苏维埃宫设计竞赛更直接。

他们的第一个方案是四座玻璃塔，形式很别致，风格很现代化（图十）。当时就有人在刊物上公开批评它说：“维斯宁们想在建筑物的外观上表现它的功能作用，直接使用了工业建筑的形式因素。”

图十　重工业部大厦草图之一

（*Строительство Москвы*，1934，No.10）第二轮的方案，维斯宁们模仿约凡的得了头奖的苏维埃宫设计，把重工业部设计成一座集中式的32层的塔，平面是八角星形的，装饰了许多雕刻。维斯宁兄弟显然背离了他们的"功能方法"，而从外形下手做设计了。但是，这个方案仍然受到批评，说它"过于枯燥和禁欲主义"，"造型母题不够"。第三次方案，维斯宁兄弟请良欣柯（C. Лященко）合作。八角星形的塔没有大的改动，只在它后面加了一些房屋。但是，在建筑艺术的"现实主义"的压力下，不得不增加了不少"造型母题"，成组成组的雕像群、柱廊、架空走廊等，把整个建筑物搞得像他自己批评过的那样，充满了"大叫大嚷的盛装艳饰和纪念性"，"搞得沉重不堪"。

重工业部大厦的设计竞赛，继承了苏维埃宫设计竞赛的指导思想，过分强调了建筑的思想艺术功能，简直把它当作造型艺术看待。美尔尼可夫在惶惑中给它做了个工业象征主义的设计，就是这个原因，因为过高的思想艺术要求，已经远远超出了建筑形象所能担当的范围。

不断的全国性的批判以及苏维埃宫和重工业部大厦的设计竞赛，终于迫使维斯宁兄弟在相当大的程度上改变了设计原则和方法。1938年，维克多在工作室的年会上说："有重大的全国性意义的工厂，新型的社会主义的工厂”，它们的形象应当是“纪念性的，富有表现力的……”（见维克多手稿）就连工业建筑也被赋予了很高的思想艺术任务。而且，为了贯彻什么“现实主义”，他们在理论上再三强调建筑与雕刻和绘画的综合。巴维列茨卡亚车站和苏联人民委员会第二大厦的设计就是这种情况下的产物。

从此，在建筑创作上，维斯宁兄弟就再也没有什么重要的成就。复古主义的建筑席卷了整个苏联，构成主义建筑的历史中断了。

1945年7月27日，在《苏维埃艺术》（*Советское Искусство*）上，维克多发表了一篇名为《科学与创造》（Наука и Творчество）的论文，回顾第一个五年计划时的建筑说：“那时期里，我们的建筑好不容易才摆脱封锁了它的发展道路的公式化的、死气沉沉的构成主义。但它立即又落到了另一个极端：无原则的装饰、立面主义，给住宅穿上完全不适当的纪念性外衣。构成主义的特征是轻视民族建筑的遗产，代之而起的潮流是机械地抄袭陈旧的范例。……造住宅完全不顾苏维埃人的舒适和方便。……这种情况要求组织科学研究和创作机构，在科学的基础上制定出建筑领域里的各种理论，在深入研究国内外建筑历史的基础上，在全面地利用国内外最新技术成就的基础上，把我们的建筑从错误中拯救出来，建造我们的城市、干道和建筑物，使它们漂漂亮亮地现代化起来。苏联建筑科学院就是为这个目的建立的。”

维克多的最后十几年，把主要精力用在苏联建筑科学院的领导工作。亚历山大在1956至1959年之间担任了它的荣誉院士。

（六）

维克多是1936年被任命为苏联建筑科学院院长的。科学院成立于1934年，起初只搞些教学工作。维克多上任之后，立即着手改组，不但搞教学，而且要搞技术和艺术等方面的科学研究。他重新任命了成员，设立了研究所、研究室、实验室、车间、设计室等等，使科学院跟实际、跟建筑工业和国家的高速度建设联系起来。他认为，设计室是建立这个联系的中心环节。建筑科学要用理论和历史的知识武装建筑师，帮助他们应用最先进的材料和结构技术，使他们能够更好地设计居住和公共建筑物。在城市规划方面也一样，科学院要向规划工作者提供各种必要的知识和帮助。

可是，1941年纳粹德国的入侵打断了苏联的和平建设，维克多撇下他的计划，率领科学院全体成员“为国防、为战胜敌人”而奋斗。他们在疏散地区用地方材料建造简易的住宅、工厂和交通设施。他们设计了可以搬运的装配式房屋、不同钢材和木材和高强石膏房屋、轻质砖拱房屋，等等。

在战争最艰苦的年代，没有图书，没有资料，维克多团结全体人员，为胜利后的重建做准备。他后来写道：“我们知道，一旦恢复的日子来到，我们就必须重建被侵略者破坏的城市和乡村，这项工作会提出许多重大而复杂的问题，要我们去解决。因此我们就着手编制《城乡规划规范》《住宅建设规范》，工业建筑用的材料和结构的目录，并且制定高质量的标准，设计工厂化生产的住宅，等等。”（Материалы VI сессии Академии Архитектуры СССР, 1945）这些工作表现了维克多的坚强性格和远见卓识。

1943年建筑科学院回到莫斯科，维克多立即组织科学工作者投入恢复重建的实际工作中去。他对建筑的标准化、工厂化、降低造价特别重视，写了专门的文章来论述。

他特别关心城市规划和住宅建设两个研究所，也很重视建筑历史和理论的研究工作，亲自出题目，组织出版。1947年，在苏联科学院纪念十月革命30周年的大会上，维克多发表演说，论述了苏维埃建筑与资本主义建筑根本不同的本质特点。第一个特点是，社会主义国家向建筑提出了空前未有的任务，为人民大众进行大规模的综合性建设，因此，建筑学的一个重要方面，城市规划，在全新的基础上成长和发展起来了。苏维埃建筑的另一个特点是，它有重大的思想内容，它的艺术是真正综合性的。（Тридцать Лет Советской Архитектуры，1948）他根据这样的认识来发展建筑科学院的工作。

第二次世界大战之后，建筑科学院在组织上和学术上都有很大进展，还先后设立了几个分院。维克多在这项事业中呕心沥血，做出重大的贡献。

1949年，他因重病辞去职务。第二年去世。他得过一枚列宁勋章，三枚其他的勋章，是第一、第二两届最高苏维埃代表。

亚历山大长期患病，只偶尔参加一些设计的咨询，于1959年去世。他得过一枚劳动红旗勋章。

本文后记

写这篇传记的目的之一，是想勾画出一个社会主义时代建筑师的面貌，既不同于封建时代的建筑师，也不同于资本主义时代的。通过这样的工作，我想探索一下社会主义时代建筑特有的价值观念，把它跟封建时代和资本主义时代的区分开来。

漫长的封建社会的建筑史，几乎全是由宫殿、庙宇、教堂、府邸、陵墓等组成的。对它们的评价，主要着眼在艺术的完美。一个建筑师，只要设计了优美的建筑物，就可以名垂史册。19、20世纪以来，对资本主义世界的建筑师的评价，更加偏重于看他是否有所创新。一座好的建筑物，不但要在形式上有新的突破，而且要技术先进、功能合理。但是，不论是建筑师还是理论家，都还背负着历史的惰性，喜欢用封建时代的价值观念来看问题。他们把大量城市建筑放在很不重要的位置上，虽然城市建筑的重要性和水平已经大大不同于封建时代的了，它们应付着非常复杂的实际需要，其中有许多并不缺乏创造性。因此，有不少现代建筑史的著作，体例还跟写封建时代的差不多，大师、流派、艺术杰作，构成了它的基本内容，没有研究资本主义时代建筑的新问题、基本问题，例如城市建设、工业建筑、住宅等。

这种历史的惰性一直延续下来，还有人用封建和资本主义的价值观念来衡量社会主义时代的建筑事业。他们发现，艺术上那么完美的建筑物不多，形式上不断创新的建筑物不多，于是，他们认为，社会主义国家的建筑衰落了，远远赶不上资本主义国家的。只设计过几幢小小折衷主义建筑物的文丘里，受到的尊重钦仰，远远超过了我们自己主持过整座整座城市建设的建筑师。因此，我们有一些建筑师，梦寐以求的是得到一个机会去设计艺术要求很高的建筑物，一旦有了这样的机会，就绝不心痛人民的血汗钱。有一些长官，在他的权力所及的范围里，总想搞几幢宏伟壮丽、可以传之永久的纪念性建筑物*，而不大关心住宅建设和城市综合建设。许多脚踏实地、埋头苦干的建筑师，设计了大量的工厂、住宅、学校、仓库、农场、商店，直接为发展国计民生服务，他们在工作中遇到一个又一个的前所未有的问题，有的关乎功能，有的关乎经济，有的关乎技术，有的关乎规划和国家战略性的决策，为解决这些问题，需要才能、智慧、坚持不懈的努力和高度的社会主义觉悟。他们所付出的劳动至少不低于搞一个风格别致的艺术性建筑物所需要的，只不过是性质有区别罢了。然而，这些建筑和从事这些建筑的人，仍然受不到应有的重视，得不到应有的尊重。一些理论文章还鼓吹建筑是艺术，是空间艺术，是时代的艺术表征，是要叫外国人看了喜欢的。于是，我们这许多同志们辛辛苦苦干出来的东西竟算不上是建筑，还不如吊脚楼和窑洞有价值。

社会主义制度的基本任务是最大限度地满足人民群众日益增长的物质和文化需要。社会主义的建筑要为这个基本任务服务。这是一项史无前例的任务。因此，社会主义建筑必须有它的新的价值观念，只有适当地改变旧价值观念，才能正确评价社会主义时代的建筑和建筑师，才能使建筑事业走上健康发展的道路。

许多同志已经在建筑的各个领域建立了一些新的价值观念，社会主义建设的实际要求已经帮助他们划清了跟资本主义建筑在某些方面的界限。我想从另一个角度来探讨新的价值观念。

但是，写完维斯宁兄弟的传记之后，我知道，我没有很好达到我的目的。这是因为，第一，我选择的题材不够好；第二，我所能找到的资料太不具体。苏联人介绍维斯宁兄弟的著作虽然不少，但一律带有他们惯有的那种官气，总是重复那些呆板的内容，都是根据某些文件、某些会议的精神写出来的。参考这样的著作，实在写不出有生气的文章来，

---

* 拉斯金说过，宏伟壮丽从来不是普通老百姓的审美要求。

何况那些著作也远远没有摆脱传统的价值观念，它们所提供的资料都是详于艺术杰作而略于大量性建筑的。

但我也并非毫无收获。我还是在这篇传记里写到，维斯宁兄弟认为工业建筑和大规模建造的住宅是社会主义时代建筑的主要任务，积极参加它们的设计，促进它们的工业化生产；他们从事城市和工人村的规划工作，把它们当作劳动、文教、居住的综合体，推动社会主义公有制下的新的生活方式；他们探讨有利于消灭小生产习惯残余、解放妇女、培养人们集体主义精神的住宅形制；为促进文化革命，他们设计了不少文化宫和剧场，在这些建筑物里，他们试图体现彻底的社会主义民主；他们认识到："人类历史的新纪元已经开始，……向建筑师们提出的任务是，要在自己的专业领域里，紧紧跟上新生活的建设者的步伐，以自己的劳动促进和巩固已经争取到的地位，解决生活提出来的新课题。"这些方面使维斯宁兄弟跟资本主义世界的大师有了原则性的区别。可惜，所有这些方面我都没有进一步展开来写，因为资料不足。这些新探索并不是都有积极的成果，而苏联人是从来不谈他们的挫折的。

我希望，我们在实践中对社会主义建筑的价值观念有许多真切了解的同志们，抽出时间来专门议论一下这个问题。这对于提高我们的自觉性是大有好处的。

1984年11月完稿

本文附录

I 论现代建筑的一些问题*（摘译）

金兹堡　维克多·维斯宁　亚历山大·维斯宁

我们已经很久没有谈论建筑问题了。在这些沉默的日子里，许许多多的批评家和所谓过去的功能主义者在连篇累牍的自我批评里，检讨"过去的"思想，把一大堆罪孽和过失扣到我们头上，其实，那些事跟我们没有多大关系。

一般的理论前提

目前顶热门的话题当然是那个掌握过去的遗产的问题。事实上，现在大家说的掌握过去的遗产，并不是指全部遗产，并没有考虑到伊斯兰教建筑、佛教国家建筑和包括哥特建筑在内的许多北欧建筑，也没有整整三十年的新建筑，那是直接挨着我们的昨天的建筑。新的、社会主义的建筑，只能由妈妈生出来，不能由奶奶来生，不管她是一位多么经典性的奶奶。……所谓的掌握遗产，只不过是指从希腊到意大利的古典主义建筑而已。

19世纪末和20世纪初，社会显著前进，科学技术惊人地发展，古典主义的建筑思想跟这些进步现象之间的矛盾暴露出来了。三十年前，第一批先驱者，美国的莱特、奥地利的卢斯、德国的格罗庇士、法国的勒·柯布西耶、荷兰的欧特，懂得建筑的新任务和发展趋向，并且善于

* 发表于《苏联建筑》1934年第2期。

把它们用文字和建筑形象表现出来，他们大大发展了新的建筑思想。但是，由于资本主义制度下的社会原因，西欧建筑师的创新活动仅仅立足于近几十年的技术进步之上，新技术几乎是西欧建筑的唯一动力。但仅仅靠新技术，在社会的死胡同里，西方的新建筑不可能进一步发展。

（所有从古希腊到西欧现代建筑，都不能满足社会主义建设的需要。）

那么，我们能从这些遗产里得到什么呢？这是大家关心的问题。

重要的有两个方面：

第一，提高建筑师的文化水平。深入钻研过去的好作品，不但能提高建筑师的一般文化水平，而且能在头脑里造成酵母，没有这种酵母，独特的建筑构思是不能完美地发展的。……

第二，可以理解建筑形式产生的原委。……这就是说，要把个别的建筑形式的全部要素理解成特定的构图系统的产物，而特定的构图系统是特定的空间组合的产物，特定的空间组合又是时代的整个经济制度、政治和其他特点的产物，只有在它们之上，这个空间构思才可能产生。……

如果说：像马克思借鉴唯心主义哲学来建立自己的唯物主义学派那样，借鉴历史遗产来建立无产阶级的建筑学，那就对了。

*

什么是建立无产阶级建筑学的新因素呢？发展我们的建筑学的最丰富的原料，是过去的建筑里从来没有，也从来不需要的。首先，这是苏维埃建筑的崭新的社会目的性，对它的广泛而巨大的要求，数量会过渡到新的质。……现在我们面临着几百万无产者和集体农民提出来的无穷无尽的需要。不但迫切要求一般的社会主义建设，而且要求新的无产阶级建筑学，所有这些物质的和文化生活的需要，是形成我们的建筑的新形式、新形象的最丰富的原料。……我们坚决相信，当前满足这些需要，是决定我们新建筑的道路的基本动力、基本任务。……其次，是科学技术的新成就，不要很狭窄地去理解它，以为仅仅是结构计算、采光面积计算等，……要把眼光放宽，建筑思维的发展，往往受到似乎跟建筑没有直接关系的因素不同寻常的推动，甚至同温层气球的发明、北极探险、原子结构的发现等相关。所有这些造成了完全不同的气氛，它们表明了我们生活在什么世纪，什么时代，并且告诉我们，在这个时代里，绝不要使我们的建筑学错过科学技术的成就。……

我们的任务不是在狭窄的道路上机械地进行创作，而是要在创作过程结束时使一切都各得其所，既没有未完成的社会任务，也没有未完成的技术任务和艺术任务。

这种工作方式——把目的、手段和建筑形象统一起来，把内容和形式统一起来，不使它们互相矛盾的方法，我们就称之为功能的创作方法。

*

现在，提出下一个问题：建筑是艺术吗？这需要肯定的回答：归根到底，建筑是艺术。说它是艺术，是因为建筑师的思维特点，他的创作过程的特点，……是建筑思维的形象性。……说建筑是艺术，需要明确强调：这艺术是一支急流，其中汇合着同等程度的感情、理性和目标；时代的社会主义目的性，科学技术的成就——它们都是有人性的——汇成一支急流，而它们互不妨碍。

建筑的创作领域

建筑和施工技术，建筑工业，这些问题扩大了建筑学的领域。由于对建筑的需求量极大，所以就必须搞施工工业化。工业化的施工需要标准化，工厂要求标准化，机械要求标准化，机械会定出标准来。另一方面，大量生产促进定型化。……

定型化和标准化——在我们的条件下是合乎规律的，是完全自然地从苏联的经济条件中生长出来的。……

还有一个大大扩大建筑创作领域的问题，这就是建筑群，建筑综合体。……

必须清楚，一幢房子，孤立地看，是不能充分显出它的建筑价值的。只有当它在环境整体里，跟自然、跟地势、跟周围的人联系在一起时，它才真正成为建筑学的对象。

*

在扩大建筑学的领域的各种问题里，还有一个建筑跟自然、跟其他艺术的综合的问题。……

还应当提出一个建筑跟色彩综合的问题。现在它已经成了基本问题；色彩帮助空间的表现，使建筑物改观，使它的语言更清楚、更具体，也可以改善自然条件等所带来的缺点。

建筑跟内部设备、家具的综合也是可以准确而完全地理解的。……

Ⅱ 论建筑教育

① 少来一点“学院主义”*（摘译）

维克多·维斯宁

……

必须明明白白地规定：学院不但要传授知识，而且要促进学员创造能力的发展，养成科学地解决建筑问题的态度。学院不要培养干巴巴的风格鉴定家、考古家和古建筑修复家，而要培养活生生的创作大师。从这个角度来看，应当研究丰富的历史遗产，分析伟大的建筑师的创作和建筑古迹。不能被动地去学、去爱，而要用积极主动的态度去爱大师们的作品，这种积极主动的态度就是渴望创造，渴望竞赛，努力向前，有

* 此文讨论建筑学院的教育工作，载《建筑报》1937年1月12日。

创作适合我们时代精神的建筑杰作的觉醒。

必须明明白白地说清楚：决不能让“学院主义”在建筑学院里占一席之地。抽象的、脱离生活的题目应当取消。我们光辉的现实提供了大量吸引人的题目，完全用不着去杜撰。只有从生活中来的题目，才能锻炼出社会主义建设所需要的现代建筑师。

② 论青年建筑师的教育*（摘译）

维克多·维斯宁

……

苏维埃建筑的社会主义内容最清楚地表现为对人的关怀。我们建设的这个特点，使建筑师有责任养成一些特殊的品质。

首先，他必须政治上没有错误，深刻理解正在建设着的新生活的任务，学识渊博，文化修养全面。……

年轻建筑师必须学会搞结构，会计算，会审核。当然，艰深的理论计算是不能叫建筑师去担任的。……

首先应当指出，“照描”和“临摹”，作为方法，会使学生养成被动地对待自然、模仿和不动脑筋地抄袭的态度。应当彻底认识，绘画是个主动的过程，是一项脑子、眼睛和手并用的重要劳动。……

写生有很重要的意义。聚精会神地仔细研究自然，能锻炼美感，提高趣味。在自然中理解比例的规律，整体性，构图的有机性和其他规律性的知识，这些对培养艺术家都是必不可少的。……

建筑史这门课不是为了叫学生“认识”古代建筑，而是要给学生扎实的知识，激发起他们探索和穷究美的本原的知识，鼓励他们进行创造性劳动的知识。在学校里，学习过程中必须调动积极因素，反对常见的那种消极地积累知识。……

---

* 载《苏联建筑》1938年第6期。

用拼凑某些古代杰作的零件来做设计练习的方法是很有害的，因为它会引导设计者走上折衷主义，走上勉勉强强的“旧瓶装新酒”的路子，……要经常说说这件事，反对它！……

如果在掌握建筑遗产的基础上学习建筑设计的方法已经走进了死胡同，那就要考虑另外一种方法：联系我们的生活，回答生活提出的问题，而不要在烦琐哲学的不毛之地里，在争论不休的不毛之地里，迷失方向，去追究是哪一种柱式，多立克呢还是爱奥尼，更接近我们的时代。……

在我们国家展开的大规模建设，方面和项目非常之多。有无数的新问题需要解决，都是史无前例的。这个困难的任务大部分要落在年轻人的肩膀上。因此，建筑师的教育是个很重要的问题，有国家性的意义。

Ⅲ 谈建筑中的社会主义现实主义*（摘译）

亚历山大·维斯宁

问：在社会主义现实主义这个复杂的、多方面的问题中，您认为关键是形式和内容的问题，对吗？

答：是这样。社会主义现实主义问题。这是我们时代的风格的问题，基本路线问题，社会主义的建筑师要走的道路问题。这条基本路线，归根结底，是由我们的新生活、新的社会主义生活、新技术、新建设、新的前景决定的。新的内容要求新的艺术形式。

问：您说的内容，是我们时代的一般内容，还是建筑的内容，还是个别建筑物的内容？

---

* 这是1941年А. Цирес的访问记录。那时候“社会主义现实主义”已经成为官定的创作方法。

答：两件事不能分割。个别建筑作品的内容，我认为就是在它里面进行着的生活，这就是说，它里面的起居、生产、教学等过程加上它的思想艺术内容，这就是思想、感情、情绪的总和，建筑作品应当把它们反映出来。在建筑里和在现实主义的艺术里一样，艺术思想内容要植根在现实的土壤里，要反映这个现实，并引导人们走向更加完善的境地。因此，我们整个生活的新内容赋予我们的建筑以新内容。

……（说到苏联人民委员会大厦的设计）

问：难道用历史遗留下来的建筑形式，尤其是古典的和文艺复兴的，就不能做到这些吗？为什么非用新形式不可呢？

答：……设计苏联人民委员会大厦的建筑并不需要向后看，求助于过去，并不需要留恋那些过去的东西；它迫使我们把眼光转向前方，向我们的未来，无限广阔的、充满了创作灵感的前景。任何一种旧的建筑都不可避免地会引起某种历史联想，我们看到它的时候摆脱不了这种联想。建筑中的联想是建筑形象的非常重要的方面，但被许多人忽略了。在苏联人民委员会大厦的建筑中我们希望洗刷掉任何历史联想，那是跟我们的现实格格不入的。

问：但是您总不至于一般地否认过去的建筑遗产的用处罢？

答：不，一点也不。……但是我反对在我们的艺术里搬用陈旧的风格样式。不深入钻研建筑遗产，我们就不能创造新建筑。但是，不仅要钻研古典的文艺复兴的，而且要钻研整个历史遗产，因为在每一种风格里都蕴藏着多多少少的有启发性的建筑经验。……

问：您认为我们没有权利利用建筑遗产和柱子、柱式之类的东西吗？

答：柱子吗，请用，但柱式不行。柱子是一般的建筑形式。……但是，特定样式的柱子和柱式属于特定的风格，属于特定的时代和地区。……

问：您总不会反对在建筑里运用雕刻、绘画和别的装饰艺术吧，虽然除了增加表现力和美观之外毫无用处？您不反对艺术综合吧？

答：不反对。我们认为艺术综合是创造有价值的建筑作品的有力手段。……雕刻和绘画用在建筑里不致迷惑什么人。但建筑装饰通常应当有功能和结构作用，如果它实际上没有这种作用，它就是骨子里虚假的了。

问：但是您好像根本不用装饰手段，不论是建筑自己的还是造型艺术的。

答：……艺术综合是很好的东西，但只有有机的综合才好。有机性需要两项条件：第一，不同艺术的形象要统一；第二，它们外观的构图要统一。……雕刻和绘画常常被用来掩盖建筑的枯燥和缺少表现力。我们决不要这种"综合"，它只不过是"乔装打扮"。建筑不应当要求别的艺术来拯救，它自己应当美观、富有表现力。……

……

问：您是怎样给您的流动空间寻找具体形式的呢？还有您的凸窗、窗子、楼梯，等等？

答：我们决不为艺术形式牺牲功能和使用的合理性。……但请不要以为我给光秃秃的功能主义辩护。对建筑来说，只解决功能问题是不够的。……建筑师的任务是建筑地解决功能问题。建筑地，就是形象地，艺术地。只有这样看待建筑，才能造得出骨子里有机的建筑作品来。……建筑地解决功能问题，房屋就要由功能上必要的部分组成，这些部分按功能的必要性和合理性互相联系。……建筑物的构图不可主观随意，像某些建筑作品那样，把功能和形象硬扯在一起。建筑构图应当由真正重要的建筑构件组成，而不是由装饰性的体积、部件和细节组成。……

问：您认为，功能的合理性作为本质因素包括在建筑物的艺术形象里吗？

答：是的。关于建筑地、形象地解决功能问题，我不想说得过多，要强调的是，建筑形象的本质内容包括建筑物各部分具体的功能用途、特点的内部活动，而不是抽象的功能合理性。这是第一点。第二，建筑物各部分的建筑处理不是简单地装饰立面，而是把它内部具体的内容、功能、用途更有表现力地、更美观地显示出来。只有这样理解建筑形象的本质，才能达到内容和形式的统一，内部和外部的统一，这是我们在谈到建筑中的社会主义现实主义的时候要反复地说的。……

……

问：您所用的构图手法只有对比关系和有节奏的组合吗？

答：不。建筑师不能不考虑一系列其他的构图关系，例如尺度、建筑物造型，等等。其中有一项关系是建筑物各部分之间的亲和性和它们对整体的从属性。……但是，在建筑形式的构图方面，跟在装饰方面一样，我们力求手法经济、简洁、明了，这些是社会主义现实主义的最重要要求的一部分。

问：不过，最近您好像走了一条新的道路，比过去的作品体形更复杂一点，装饰更丰富一点。

答：对，在相当程度上是这样。但这并不意味着，我们放弃了作为我们过去的建筑创作的基础的那些构图原则。近年来我们不过发展了我们过去发展得不够的东西。我们过去也注意富有表现力的结构逻辑、造型、色彩，等等。近来我们比过去更注意细节的建筑艺术加工，使我们的建筑更显得高高兴兴、快快活活。

问：您刚刚在结构逻辑和色彩之外又提到了造型，这对许多人来说会感到意外。常常能听到一种意见，说在您过去的建筑构图里，建筑造型问题是没有重要地位的。

答：凡是这样想的人，不是对我们的建筑作品的这个非常重要的方面闭上眼睛，就是对建筑造型理解得非常狭隘，只把它理解成建筑细节的雕刻式加工。……我们的建筑原则只有一个，但对不同的建筑物有不同的建筑处理，这决定于各种因素的差别。重要的是，务必使内容、形式、结构和材料在一切场合都有机地互相联系在一起。

Ⅳ 维克多·维斯宁致奥尔忠尼启则的报告书（1935年1月）*（摘译）

我负责而忠诚地说明以下情况：

① 近年来，任何一个工业部门都没有像住宅建设这样摇摆得厉害。

② 摇摆的直接原因是，这些年来从来没有人深入地、严肃地研究过这个问题，尤其是，从来没有人深入地、严肃地把这个问题向政府提出来过——连同它的多种多样的技术和科学问题。

虽然曾经完全正确地指出过住宅工业各个部门的发展道路，但在这项工作里并没有投入有修养的建筑力量和技术力量，而本当这样做的。因为这个以及其他的种种原因，主要是由于许许多多冒进和事务主义，今天的住宅工业是完全威信扫地的。

……

区域规划

区域规划是经济研究和技术研究的大综合性工作，要把它当作一个过程，而不是偶一为之的。因此，在不远的将来要按不同的经济区成立区域规划机构。这个机构不但要设计，而且要负责把这个规模付诸实

* 奥尔忠尼启则是当时的重工业人民委员会委员。

施。……

……

城市规划

居住地区的规划，和区域规划一样，也是一件综合性的工作，而且是区域规划的延续。应当指出，从将来的城市经济和行政管理的角度看来，城市规划也应该在市苏维埃下属的一些设计机构里进行。……

施工图

做技术设计的责任建筑师应当承担全部责任，并且领导所有施工图的制作，在个别情况下甚至要亲身参加。必须消灭这种情况：即把建筑师分成两类，一类老是坐着画施工图，另一类只做方案设计。这种情况使我们年轻的建筑师总成长不起来。年轻人也要既做方案，又画施工图。……

下现场设计室的组织工作一定要做到：把到现场参加施工当作设计室的基本任务。……

……

设计室

……

组织设计室，要充分注意到下述最重要的两个问题，否则设计室就不可能正常工作。

① 创作权，经济核算，很宽松的范围的没有限制的计件工资。

② 设计室领导人对经他签字发出去的图纸都要负完全的责任，不论设计者是谁。

……

总建筑师通过领导机构监督所有建筑和施工规则的实施，保证设计室和公司的路线的执行。总建筑师只管建筑和工程问题，不管行政和财务，那些事要另外派人领导。……

……

目前，住宅工业的组织工作首先是建立综合性的工业化生产的联合企业的网，它们生产全部标准化的构件，尺寸准确，以当地的地方材料作为填充料。现场只做装配和粉刷。

……必须采取一系列的平行措施，促进施工机械化，改善施工组织管理。其中包括：住宅综合体的施工的组织设计，运输问题，辅助车间的设计，可以在现场全年制作的一些标准构件。……

只有动员全部优秀的力量，我们才有把握克服当前的混乱，在严重地关系到我们社会主义建设的这个领域里，决不能允许混乱。

图书在版编目（CIP）数据

风格与时代 /（俄罗斯）金兹堡著；陈志华译 . —北京：
商务印书馆，2021
（陈志华文集）
ISBN 978-7-100-19868-4

Ⅰ.①风… Ⅱ.①金…②陈… Ⅲ.①建筑风格—研究—
世界 Ⅳ.① TU-861

中国版本图书馆 CIP 数据核字（2021）第 073719 号

陈志华文集

风格与时代

〔俄〕金兹堡 著
陈志华 译

商 务 印 书 馆 出 版
（北京王府井大街 36 号 邮政编码 100710）
商 务 印 书 馆 发 行
北京中科印刷有限公司印刷
ISBN 978-7-100-19868-4

2021 年 10 月第 1 版　　开本 720 × 1000 1/16
2021 年 10 月北京第 1 次印刷　　印张 17½

定价：88.00 元

（一）

“建筑是石头的史书”，“建筑是艺术的最高峰”。十九世纪，这两句话在欧洲很流行，已经很难确凿地说是哪位聪明人首先发表的了。总之，十九世纪，欧洲人已经认识了建筑在人类文化中的地位了。

建筑在文化中的地位，决定于它的性质、作用和它达到的高度，技术的和艺术的高度，它不是“[illegible]”的东西，它是Monument，这就是它的性质。

从黄土地上的窑洞，到小女孩温馨的闺房，到豪华的宫殿，金字塔、圣母教堂、万神庙、万里长城，建筑性质的多样和变化的跨度之大，包容了整个的人类文化。人类没有第二种作品，有建筑这样的气魄，丰富、豪华、精致，有性格、有感情。

建筑是人类历史的文化档案，它记录着人类为创造而付出的一切，也真实、生动、准确地记录着人类文明的发展和成就，

IRLANDE

St Patrice, a été esclave en Ire pendant six ans. Il a fait ses études à Marmoutiers et à Lérins. Accompagne St Germain d'Auxerre en Angleterre. Pape St Célestin lui fait évêque d'Eire. 33 ans là

Ste Brigitte.

St Colomban 515-615 Entre l'abbaye de Bangor. Il se trouve à Annegray, Faucogney (Hte Saône.) Puis, il se fixe à Luxeuil, qui est aux confins de Bourg. et de l'Austrasie.

Encore, il fonda Fontaines, et 210 autres.

Sa contemporaine, la reine Brunehaut fonda St Martin d'Autun, qui fut rasée en 1750 par les moines eux

Elle a expulsé St Colomban de Luxeuil après 20 ans.

Il a allé à Tours, Nantes, Soissons, ... et commence sa vie de missionnaire. De Mainz, il suit le Rhin, jusqu'à Zurich et se fixe à Bregentz, sur lac Co

Son disciple est St Gall.

Brunehaut est maintenant la maîtresse de Constanz. Le St passe en Lombardie. Il fonda Bobbio, entre Gênes et Milan, où Annibal a eu une victoire.

Il meurt dans une chappelle solitaire de l'autre côté de la Treb

Pierre LUXEUIL: 2e abbé St Eustaise. Il a toute coopération du roi Clotaire, seul maître des 3 royaumes francs.

Il est aussi la plus illustre école de ce temps. Evêques et Saints sont tous sortis de cela.

3e Abbé Walbert, ancien guerrier